先进陶瓷现代产业学院校企合作教材

氧化铝陶瓷
实用生产工艺技术

文　瑾　钟洪彬　吴硕体　曹建辉
田修营　贺亦文　贺建春　编著

西南交通大学出版社
·成　都·

图书在版编目（CIP）数据

氧化铝陶瓷实用生产工艺技术 / 文瑾等编著. —成都：西南交通大学出版社，2023.8
ISBN 978-7-5643-9387-8

Ⅰ. ①氧… Ⅱ. ①文… Ⅲ. ①氧化铝陶瓷 – 生产工艺 – 研究 Ⅳ. ①TQ174.75

中国国家版本馆 CIP 数据核字（2023）第 128451 号

Yanghualü Taoci Shiyong Shengchan Gongyi Jishu
氧化铝陶瓷实用生产工艺技术

文　瑾　钟洪彬　吴硕体　曹建辉
田修营　贺亦文　贺建春　编著

责任编辑　牛　君
封面设计　墨创文化

出版发行　西南交通大学出版社
（四川省成都市金牛区二环路北一段 111 号
西南交通大学创新大厦 21 楼）
邮政编码　610031
发行部电话　028-87600564　028-87600533
网址　http://www.xnjdcbs.com
印刷　郫县犀浦印刷厂

成品尺寸　185 mm × 260 mm
印张　8.25
字数　184 千
版次　2023 年 8 月第 1 版
印次　2023 年 8 月第 1 次
书号　ISBN 978-7-5643-9387-8
定价　28.00 元

PREFACE

前　言

“陶瓷工艺学”是材料科学与工程专业无机非金属材料方向开设的一门非常重要的理论与实践结合的课程，目前国内对该门课程所使用的教材大多注重传统陶瓷相关工艺介绍，对氧化铝陶瓷生产工艺介绍较少，缺乏特定专业针对性，并且脱离行业生产实践，难以满足特色应用型人才培养的要求。针对目前国内高校先进陶瓷专业发展趋势以及应用型人才培养要求，我们组织编写了这本具有专业和行业针对性，紧密结合企业生产实践来培养人才的特色教材。

湖南省娄底市新化县是电子陶瓷之乡，氧化铝陶瓷生产的重要聚集地。当前氧化铝陶瓷生产技术日新月异，新技术、新工艺不断涌现。这一重大变化，使我们意识到，作为培养高等应用型人才的高等院校，必须顺应时代发展的要求，及时调整人才培养目标和教学内容。为此，湖南人文科技学院联合新化县人民政府，共同组建了先进陶瓷现代产业学院，并于 2022 年 12 月被湖南省教育厅和工信厅认定为省级现代产业学院。我们在企业自编讲义的基础上，调整教学内容，及时将氧化铝陶瓷生产工艺发展的关键技术纳入教材，力争使我们培养的学生能够与时代同步，而且能够产学研结合，服务地方产业升级，为社会输送大批优秀的应用型工程技术人才和技能技术人才。

本教材以氧化铝陶瓷生产为主线，内容上突出职业能力优先的编写原则，先简单介绍了有关先进陶瓷以及计量等基础知识，然后按氧化铝陶瓷生产工艺进行介绍，贴近新化县陶瓷产业现状，着重介绍热压铸工艺和干压工艺，力求让学生由浅入深了解氧化铝陶瓷从制备到器件性能测试的全过程。

本教材可作为高等学校、中职院校相关专业学生和陶瓷企业员工培训教材，亦可供科研人员和工程技术人员参考。本教材在编写过程中参考了网络相关资料，得到了新化县先进陶瓷协会和新化陶瓷企业相关技术专家的大力支持，特别是刘国人老先生，为本书编著提供了大量原始资料，在此一并表示感谢。

由于编者水平有限，书中难免有不足和疏漏之处，敬请广大读者批评指正。

编　者

2022 年 12 月

CONTENTS

目 录

1 绪　论

【本章学习要点】通过本章的学习，重点掌握陶瓷的概念和分类方法；了解陶瓷工艺技术的内容和陶瓷生产基本工艺流程；了解陶瓷工业的发展和陶瓷在国民经济中的作用。

1.1　陶瓷的概念与分类

1.1.1　陶瓷的概念

陶瓷是人类生活和生产中不可缺少的材料之一。陶瓷制品的应用遍及人们的日常生活和电子、航空航天等高科技领域。陶瓷的生产发展，经历了由简单到复杂、由粗糙到特种、由低温到高温的过程。随着科学技术水平的提高和陶瓷材料的发展，陶瓷的概念含义所囊括的范围也发生了变化。从产品的种类上来说，陶瓷是陶器和瓷器两大类产品的总称。陶器通常有一定的吸水率，断面粗糙无光，不透明，敲之声音粗哑，有的无釉，有的施釉。瓷器则坯体致密，基本上不吸水，有一定的半透明性，通常都施有釉层（有些特种陶瓷并不施釉）。介于陶器和瓷器之间还有一类产品，坯体较致密，吸水率也小，但缺乏透明性，这类产品通称炻器，也称为半瓷，国内文献中也常称之为原始瓷器或石胎瓷。在传统概念中，“陶瓷”是以黏土、长石、石英等天然原料为主要原料，通过配料、粉磨、成型、干燥和烧成等工序制成的陶器、炻器和瓷器制品的通称，这些制品亦统称为“普通陶瓷”，如日用陶瓷、建筑卫生陶瓷、电瓷等。由于传统陶瓷的主要原料是硅酸盐矿物，所以陶瓷可归属于硅酸盐材料和制品。陶瓷工业与玻璃、水泥、耐火材料等工业同属“硅酸盐工业”的范畴。

随着科学技术的发展，出现了含有少量黏土等天然原料，或不含天然原料，而由化工原料和合成矿物，甚至是非硅酸盐、非氧化物原料，经过与传统陶瓷类似的配料、粉磨（混合）、成型和烧成等工序制成的制品，这些制品称为特种陶瓷，如氧化物陶瓷、氮化物陶瓷、压电陶瓷、金属陶瓷等。因此，现代“陶瓷”的概念是指用陶瓷的生产方法制造生产的无机非金属固体材料和制品的通称。

从结构上看，一般陶瓷制品是由结晶物质、玻璃态物质和气泡所构成的复杂系统。

这些物质在数量上的变化，对陶瓷的性质起着一定程度的影响。

1.1.2 陶瓷的分类

陶瓷制品种类繁多，目前国内外尚无统一的分类方法。从不同的角度出发，有不同的分类。较普遍的分类方法有两种：一是根据陶瓷的概念和用途分类；二是根据陶瓷的基本物理性能（如吸水率、透明性、色泽等）分类。此外，也有根据陶瓷所用原料或产品的组成分类的。

（1）按陶瓷的概念和用途分类：按这种分类方法可将陶瓷制品分为两大类，即普通陶瓷和特种陶瓷。

普通陶瓷即传统陶瓷，根据传统陶瓷使用领域不同，又可分为日用陶瓷、艺术陶瓷、建筑卫生陶瓷和工业陶瓷等。日用陶瓷，如餐具、茶具、缸、坛、盆、罐等；艺术陶瓷，如花瓶、雕塑品、陈设品等；建筑卫生陶瓷，如洁具、墙地砖、排水管等；工业陶瓷，如化工用陶瓷、化学瓷、电瓷等。特种陶瓷分为高温结构陶瓷、功能陶瓷、生物陶瓷和原子能陶瓷。高温结构陶瓷，如氧化铝陶瓷、氧化锆陶瓷、氮化硅陶瓷、碳化硅陶瓷等；功能陶瓷，如敏感陶瓷、导电陶瓷、超导陶瓷、铁电陶瓷等。

（2）按陶瓷的基本物理性能分类：按这种分类方法可将陶瓷制品分为陶器、炻器和瓷器。陶器分为粗陶器、普通陶器和精陶器；炻器分为粗炻器和细炻器；瓷器分为普通瓷器和特种瓷器。

此外，在日用陶瓷和特种陶瓷中也较为普遍地根据陶瓷所用原料或产品的组成，将日用陶瓷分为长石质瓷、绢云母质瓷、滑石质瓷、骨灰质瓷等；高温结构陶瓷分为氧化铝陶瓷、氧化锆陶瓷、氮化硅陶瓷、碳化硅陶瓷等。

1.1.3 先进陶瓷的分类

先进陶瓷按功能和用途可以分为绝缘装置陶瓷、电容器陶瓷、铁电/压电陶瓷、半导体陶瓷和快离子陶瓷。

1. 绝缘装置陶瓷

绝缘装置陶瓷，具有优良的电绝缘性能，用于电子设备和器件中的结构件、基片和外壳等的电子陶瓷。绝缘装置瓷件包括各种绝缘子、线圈骨架、电子管座、波段开关、电容器支柱支架、集成电路基片和封装外壳等。

2. 电容器陶瓷

电容器陶瓷是指用作电容器介质的电子陶瓷，这类陶瓷用量最大、规格品种也最多，主要有高频、低频电容器陶瓷，半导体电容器陶瓷和片式多层陶瓷电容器（MLCC）。高频电容器陶瓷属于Ⅰ类电容器陶瓷，主要用于制造高频电路中的高稳定性陶瓷电容器和温度补偿电容器。构成这类陶瓷的主要成分大多是碱土金属或稀土金属的钛酸盐和以钛酸盐为基的固溶体。

MLCC 是由印好电极（内电极）的陶瓷介质膜片以错位的方式叠合起来，经过一次性高温烧结形成陶瓷芯片，再在芯片的两端封上金属层（外电极），从而形成一个类似独石的结构体，故也叫独石电容器。MLCC 是电容器市场中最为主流的产品，是全球市场占有率最高的电容器产品。目前，全球主要的 MLCC 生产国包括日本、韩国、美国和中国。日本的主要生产企业有村田、京瓷、太阳诱电以及电气化学 TDK 等。国内 MLCC 生产企业主要是风华高科、三环集团、深圳宇阳科技等。

3. 铁电/压电陶瓷

铁电陶瓷是以铁电性晶体为主晶相的电子陶瓷，已发现的铁电晶体不下千种，但作为铁电陶瓷的主晶相主要有钙钛矿或准钙钛矿型的铁电晶体或固溶体。在一定的温度范围内晶体中存在着可随外加电场而转变方向的自发极化，这就是晶体的铁电性。铁电陶瓷功能多、用途广，利用其压电特性可以制成压电器件，这是铁电陶瓷的主要应用，因而常把铁电陶瓷称为压电陶瓷。

压电陶瓷在功能陶瓷范围中占有极其重要的地位，常用的压电元件有：传感器、驱动器、报警器、音响设备、医疗诊断设备等。压电陶瓷作为敏感材料时，可制作压电地震仪，从而有效预测地震，减少损失；利用压电效应制作的压电驱动器是微电子、精密机械和生物工程等领域的重要器件。当压电陶瓷用作超声波发射器时，可用于海洋探测、水中导航、超声清洗、医学成像以及固体探伤、超声疾病治疗等方面。利用压电陶瓷蜂鸣器、超声显微镜、压电换能器、压电点火器等可用来做遥测和遥控系统。此外，压电陶瓷还在精密仪器、自动控制航天航空、办公自动化、微型机械系统、精密定位等领域具有广泛的应用。

4. 半导体陶瓷

半导体陶瓷是指采用陶瓷工艺成型的多晶陶瓷材料，它与单晶半导体不同，存在大量晶界，晶粒的半导体化也是在烧成工艺过程中完成的。半导体陶瓷品种繁多，比如热敏、湿敏、气敏、压敏及光敏电阻器等。半导体陶瓷除了氧化物陶瓷、氮化物陶瓷、碳化物陶瓷等由一种化合物构成的单相陶瓷以外，还有由两种或两种以上的化合物构成的复合陶瓷。

热敏电阻元件被广泛应用于工业电子设备及家用电器产品中，其中正温度系数（PTC）热敏电阻陶瓷材料应用领域十分广阔。PTC 热敏电阻陶瓷材料目前主要是钛酸钡，利用其特性可以作为自控型发热元件，还可用作对特定温度敏感的元件，以及延时开关、过流保护、测温等方面的元件；湿敏陶瓷由金属氧化物组成，如 SnO_2、ZrO_2 基等，湿度传感器在电子、食品、纺织工业及各种空调设备、集成电路内非破坏性湿度检测等场合应用十分广泛；压敏陶瓷是一类应用极为广泛的敏感材料，主要应用在超导移能、高压稳压、无间隙避雷器等方面。

5. 快离子陶瓷

快离子陶瓷即快离子导电的电子陶瓷，具有快速传递正离子的特性，其典型代表是

β-Al_2O_3，它具有很多不同于电子导体的用途。例如，在固体电子器件及各种电池的隔膜材料中应用，其中已实用化的有常温一次电池、燃料电池、蓄电池、库仑计、气敏传感器、可变电阻器、电积分器、双层电容器等。

6. 高压陶瓷

超、特高压交直流用棒形支柱绝缘子和瓷套（空心绝缘子）是超、特高压交直流电网输变电用的关键元件。

7. 光纤陶瓷插芯

光纤陶瓷插芯是光纤连接器的核心部件，广泛应用于通信、局域网、光纤到户、高质量视频传输、光纤传感、测试仪器仪表等。

8. 燃料电池隔膜板

燃料电池隔膜板是固体氧化物燃料电池的核心部件，其主要作用是在阴极与阳极之间传递氧离子和对燃料及氧化剂进行有效隔离。

9. 微波介质陶瓷

微波介质陶瓷，是指应用于微波频段电路中作为介质材料并完成一种或多种功能的陶瓷材料。微波介质陶瓷作为一种新型电子材料，具有高介电常数、低介电损耗、温度系数小等优良性能，在现代通信中被用作谐振器、滤波器、介质基片、介质天线、介质导波回路等，广泛应用于微波技术的许多领域，如移动电话、汽车电话、无绳电话、电视卫星接收器、卫星广播、雷达、无线电遥控等。

1.1.4 先进陶瓷的应用前景

1. 3C 电子领域

近年来，集计算机、通信、消费类电子于一体的数字 3C 产品得到了快速发展。3C 产业的高速发展，极大地推动了电子基础产品和元器件的同步协调发展，也为电子元器件的基础材料——信息功能陶瓷提供了良好的发展机遇。

2. 5G 基站领域

陶瓷插芯的主要应用领域为光纤连接器（72%）、其他光无源器件（25%）、光有源器件（3%）。与其他光纤插芯材质如氧化铝、玻璃、模塑等相比，光纤陶瓷插芯与石英光纤热匹配性更好，理化性能更稳定，因此成为主流材质。光纤陶瓷插芯的主要应用领域包括基站建设、光纤到户、IDC（互联网数据中心）搭建等。

微波介质陶瓷滤波器具有高 Q 值、低插损、高介电、小尺寸、轻量化和低成本的优势，有望成为 5G 基站主流解决方案。随着 5G 商用的推进，5G 基站建设也将迎来建设高峰，据预测，5G 基站数目将是 4G 基站的 1.5 倍，这一领域的需求将迅速带动光纤陶瓷插芯、陶瓷介质滤波器的市场增长。

1.1.5 先进陶瓷的发展趋势

1. 器件微型化

随着移动通信和卫星通信的迅速发展，对器件小型化、微型化的要求越来越迫切，而电子元器件特别是大量使用的以电子陶瓷材料为基础的各类无源元器件，是实现整机小型化、微型化的主要瓶颈。目前，元器件研究开发的一个重要目标是微型化、小型化，其市场需求也非常大。片式化功能陶瓷元器件占据了当前电子陶瓷元器件的主要市场，如片式电感类器件、片式压敏电阻、片式多层热敏电阻、多层压电陶瓷变压器等。

2. 技术集成化

多种技术的集成化是电子陶瓷材料制备技术的新发展趋势，比如纳米陶瓷制备技术及纳米级陶瓷原料、快速成型及烧结技术、湿化学合成技术等都为开发高性能电子陶瓷材料打下了基础。随着陶瓷材料多功能化、高集成化、全数字化和低成本方向发展，很大程度上推动了电子元器件的小型化、功能集成化、片式化和低成本及器件组合化的发展进程。

3. 功能复合化

在激烈的信息市场竞争中，单一性能的电子陶瓷器件逐渐失去了竞争力，利用陶瓷、半导体及金属结合起来的复合电子陶瓷是开发各种电子元器件的基础，它是发展智能材料和机敏材料的有效途径，同时也为器件与材料的一体化提供了重要的技术支持。

4. 产品高频化

移动通信和远距离通信技术的快速发展，对微波陶瓷介质材料及其微波谐振器、微波滤波器、微波电容器等提出了广阔的市场需求，高频化是数字 3C 产品发展的必然趋势。

5. 环保无害化

近年来，随着人类社会的可持续发展以及环境保护的需求，发达国家致力研发的热点材料之一就是新型环境友好的电子陶瓷。例如，压电陶瓷均含有大量的铅，制造过程会导致环境污染，为了减少污染，国内外科研人员开展了无铅系压电陶瓷的研究。

先进陶瓷具有硬度高、耐磨损、断裂韧性高等优点，广泛应用于 3C 电子、机械、光通信、化工、医疗、航空、汽车等领域。电子陶瓷在小型化和便携式电子产品中占有十分重要的地位，近年来，我国在电子陶瓷材料的研究与产业化方面有很大发展，但总体来看，我国电子陶瓷的发展水平与发达国家相比仍存在很大差距，因此，积极进行电子陶瓷的研究开发具有非常重要的意义。

1.2 陶瓷工艺技术及陶瓷生产工艺

陶瓷工艺技术包括由陶瓷原材料到制成陶瓷制品的整个工艺过程中的技术及其基本原理。随着陶瓷生产技术的进步，陶瓷工艺技术作为一门应用科学，也广泛汇集了生产经验和科学技术理论，逐步得到发展。在陶瓷工业中，各种陶瓷制品，如日用陶瓷、建筑卫生陶瓷、化工陶瓷、生物陶瓷等生产工艺都有其独特之处，其工艺知识还需参考专门的资料，本书针对目前新化县电子陶瓷工艺发展现状，主要介绍氧化铝陶瓷热压铸成型制品的基本生产过程和基本原理。

氧化铝陶瓷热压铸成型制品的基本生产工艺过程有：原料选定（进厂）、配料、制备、成型、排蜡、烧成、精加工等工序。

陶瓷工业是硅酸盐工业的主要分支之一，属于无机化学工业范围。但现代科学高度综合，互相渗透，从整个陶瓷工业制造工艺技术的内容来分析，它的错综复杂与牵涉之广，显然不是仅用无机化学的理论能概括的。因此，学习陶瓷工艺技术首先应学好基础科学和专业基础课程，广泛吸收新的理论知识、新的科学技术和先进经验。同时，更重要的是重视在生产一线的实习、实践环节。在学习陶瓷工艺技术前，要通过参观认识实习，对陶瓷生产工艺有一个基本认识。

图 1-1 示出了氧化铝特种陶瓷生产湿法工艺流程。由于各厂或各地区使用的原料特性和设备有差异，所以，这些陶瓷制品的生产工艺也会略有不同。只有在掌握了生产工艺技术和基本原理，并在实际工作中勤于实践，自身的工艺技术水平才能不断提高，才能真正掌握本厂或本地区陶瓷原材料的特性和陶瓷生产工艺技术，解决陶瓷生产过程中出现的由各种因素引起的实际工艺问题。

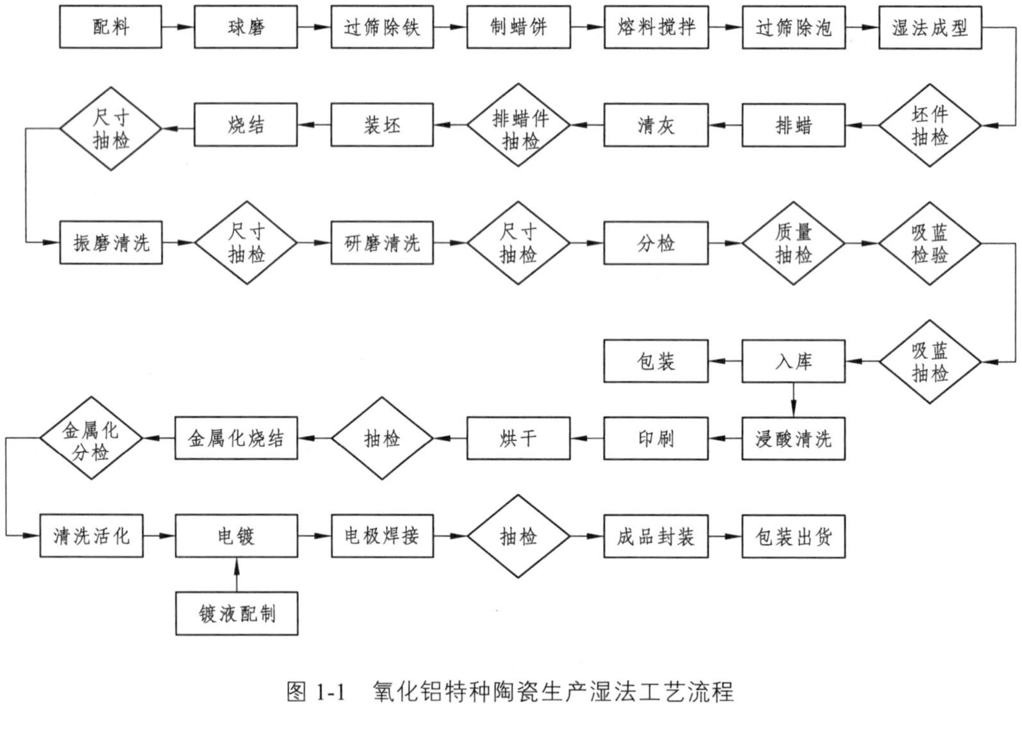

图 1-1　氧化铝特种陶瓷生产湿法工艺流程

1.3 特种陶瓷工业发展及其在国民经济中的地位

1.3.1 国外特种陶瓷材料产业发展现状

1905 年，德国人率先开始了氧化铝刀具的研究。1912 年，首款氧化铝陶瓷刀具率先由英国人发明。20 世纪 20 年代后期，特种陶瓷材料逐步走进研究人员的研究视线。从最初的主要用于军事领域的结构陶瓷发展到军事、民用结构陶瓷、功能陶瓷的研究；从最初偏重陶瓷材料的制备发展到对陶瓷粉体、显微结构的系统分析，特种陶瓷材料的种类和应用在各领域取得了重大突破。20 世纪 60 年代，美国材料顾问委员会对材料制备领域进行了调研，得出的重要结论是："为了实现材料均匀的、可重复的无缺陷显微结构，提高材料性能的可靠性，陶瓷制备科学研究十分必要。" 20 世纪 70 年代以陶瓷发动机为背景，各国竞相加大了对陶瓷材料研究与开发的投入，对特种陶瓷材料的研究取得了长足的进步。从技术上讲，陶瓷材料已经能够基本满足各种苛刻条件下（包括陶瓷发动机部件在内）使用的要求，陶瓷材料的研究转向材料性能稳定性、结构与功能性一体化、低成本制备工艺等方面，各国仍在继续增加对陶瓷材料的研究与投入。进入 21 世纪以来，各国竞相开发不同陶瓷材料在不同领域的应用，随着装备水平的提高，通过不断的实验、研究和质量控制等成功实现了陶瓷材料产品的批量化稳定生产与制备。

从材料产业上讲，特种陶瓷已形成一个巨大的高技术产业，目前全球各类特种陶瓷材料及其产品的市场销售总额超过 500 亿美元，年增长率达 8%。据统计，2021 年全球特种陶瓷市场规模达到 3818 亿元，其中先进结构陶瓷为 1067 亿元，占比 28%。美国、法国、德国与日本在该领域整体上处于领先地位，而欧洲其他各国、韩国、中国正从不同的研究领域展现出各自的优势。

1. 美　国

近 50 年来，美国在特种陶瓷领域的研究工作取得了一系列突破，推动了陶瓷技术的快速发展，对经济和社会发展也产生了深远的影响。1994 年，美国政府在特种陶瓷研究方面增加了 15%的科研预算，旨在强化国际竞争能力、保护环境。1998 年，美国特种陶瓷市场总份额接近 75 亿美元。从 20 世纪 90 年代后期一直到 2000 年，美国特种陶瓷市场销售额稳步发展，年平均增长率达到 8%。进入 2001 年，随着美国经济进入衰退，特种陶瓷的市场需求大大缩水。2003—2007 年，随着美国经济的复苏，先进陶瓷材料产业的市场需求出现反弹，年增长率达到 7%，先进陶瓷市场销售额超过 110 亿美元。2012 年，先进陶瓷产业的市场销售额突破 126 亿美元。

美国特种陶瓷发展的重点为高温结构陶瓷，结构陶瓷产量的增速最快，每年增加 13.5%，目前在航天技术、汽车、航空器、核工程、医疗设备及机械动力等方面进入大范围使用阶段。以氮化硅、碳化硅、氧化锆陶瓷为主的精密材料陶瓷制品产量占世界总量的 60%以上。美国生产的陶瓷轴承工作温度高达 1 300 °C，其工作强度为普通金属轴承的 5 倍以上。美国研制的生物陶瓷产品也已大量用于骨骼修复、瓷牙修补的临床应用。目前，美国先进陶瓷工业界还加紧军用先进陶瓷的研制开发，逐步加强在军事领域的应用。

2. 日　本

自 20 世纪 80 年代以后，日本在材料科学领域一直走在世界的前列，特别是在特种陶瓷材料方面占有领先、突出的地位。尽管日本和欧美乃至中国在传统陶瓷材料研究方面水平相差并不大，但在新型陶瓷材料的产业方面，日本在世界上占有领先的优势。

日本是世界上特种陶瓷最大的生产者，到 2000 年，陶瓷产量增长 42%，而到 2005 年增加 74%。2000 年，日本陶瓷产业的产值占据了整个日本传统产业的 50%，先进陶瓷市场成为这一领域的领头羊。根据统计数据，2019 年日本先进陶瓷市场规模达到了 5000 亿日元（约合 40 亿美元），预计到 2025 年将达到 6500 亿日元（约合 53 亿美元）。与美国对比，日本先进陶瓷在功能陶瓷领域的研究首屈一指，结构陶瓷及陶瓷粉体的研究与应用具有较强的竞争优势。

日本近年来一直将特种陶瓷看作是决定未来竞争力前途的高科技产业，不遗余力地不断加大投资力度。其生产的先进陶瓷敏感元件已占据国际市场主要份额，包括热敏、压敏、磁敏、气敏、光敏等在内的各种先进陶瓷产品占据着一大部分市场。日本正在试验高性能陶瓷电池，它是采用固态陶瓷材料代替酸性电解液，重量①较传统电池减轻 2/3，且污染小，尤其适用于汽车及航空航天工业。

3. 欧　盟

欧盟各国以功能陶瓷和高温结构陶瓷为主要研究对象，目前研究的重点为发电设备中应用的新型材料技术，如陶瓷活塞盖、排气管里衬、涡轮增压转子及燃气轮转子等。此外，欧盟部分国家在先进陶瓷机械、装备方面优势明显。

4. 俄罗斯、乌克兰

俄罗斯、乌克兰两国在先进陶瓷的研究开发和生产方面，基础扎实，设施齐全。在结构陶瓷和陶瓷基复合材料方面，不论是氧化物陶瓷、非氧化物陶瓷、复相陶瓷还是陶瓷基复合材料，如氧化铝、莫来石、氮化硅、氮化铝、氮化硼以及石英-石英复合材料、碳-碳复合材料、各类晶须、纤维补强增韧的陶瓷基复合材料，不但在实验室研制成功，而且已开发成有明确应用目的的制品，相当一部分已投入商业生产。

1.3.2　我国特种陶瓷材料产业发展现状

我国在 20 世纪 50 年代初以研究氧化铝陶瓷刀具为切入点，开始从事特种陶瓷材料的研究。20 世纪 60 年代开始碳化硅陶瓷及压电陶瓷、铁电陶瓷的研究；20 世纪 60 年代

注：① 实为质量，包括后文的称重、比重、皮重、自重等。因现阶段我国陶瓷行业的科研和生产实践中一直沿用，为使读者了解、熟悉行业实际情况，本书予以保留。——编者注

中期开始氮化硅和碳化硅陶瓷的研究，为我国先进耐火材料的研究奠定了良好的基础；20 世纪 70 年代，随着国际上先进陶瓷跨越式的发展，国内诸多高校和科研院所开始重视先进陶瓷材料的研究，取得了一系列创新性成果。20 世纪末，我国独创性地将纤维补强陶瓷基复合材料应用于战略导弹和各类卫星天线窗的保护框上，这是国际上纤维补强陶瓷基复合材料的首次实际应用。我国在所有先进陶瓷材料领域进行研究、开发和生产，自 20 世纪 80 年代，以发动机用陶瓷零部件的研制为契机，研制成功了一系列新的陶瓷材料，并在特种陶瓷的应用方面也取得了令人瞩目的成绩。普通电子陶瓷和结构陶瓷如 IC 基板、电容、电阻、电感、磁性材料、蜂鸣、滤波器等压电陶瓷无线电频率元件，中铝瓷、高铝瓷、电真空瓷、纺织瓷件、电熔石英、电熔刚玉等，在我国已能大批量生产，产品质量稳定，占领了一定的国际市场。但大部分产品仍以价格优势提升竞争力，有待进一步提升产品的技术附加值。1990 年，我国研制成功的无水冷陶瓷发动机装在大客车中完成了上海到北京往返 3 500 km 的道路试车。以高温超导陶瓷为代表的诸多技术在尖端高新技术陶瓷的理论研究和实验水平处于世界先进行列。

虽然我国在特种陶瓷材料开发上取得了长足的进步，与国际先进陶瓷领域领先的国家距离进一步缩小，但仍缺乏批量化、低成本、高效制备优质先进陶瓷材料的先进技术、装备和管理水平。我国先进陶瓷材料的开发大都是结合国防和国民经济的需要，具有独立的技术特色。然而，纵观我国特种陶瓷领域的发展现状，国内特种陶瓷材料在各领域内的应用总的来说与发达国家相比还有明显的差距，特别是技术和产业化方面，满足不了国民经济迅速发展的需求。在全球数百亿美元的先进陶瓷年销售额中，我国销售额仅占 1%～2%。因而，目前世界最先进的高附加值的特种陶瓷产品，特别是高端装备中大量的陶瓷元件仍需进口，如手机中使用的片式压电陶瓷滤波器、风力发电机陶瓷绝缘轴承和高端超细纳米粉体等。

1.3.3　新化县先进陶瓷产业发展历史与现状

新化县陶瓷历史悠久。中华人民共和国成立初期，洋溪人邹华新响应政府号召，将其私营的华新瓷厂与政府进行公私合营，在新化县上梅镇（原城关镇）成立了新化县华新瓷厂，生产日用陶瓷。20 世纪 60 年代新化县华新瓷厂发展成为湖南规模较大的日用陶瓷生产厂家，在国内外享有盛誉。20 世纪 60 年代末为支撑我国“两弹一星”研发，新化县华新瓷厂成立以袁发仁、曾敬威、何维新、邹新海、李惠娟、刘伯勋、李文亮为骨干的研发小组，主攻“95 瓷集成电路扁平封装器件”“扬声器压电陶瓷”的研发试制工作。1970 年 1 月，研发小组从新化县华新瓷厂分离出来，正式成立新化县无线电器材厂。1970 年 5 月 7 日，委派曾敬威、何维新、邹新海、李惠娟、刘伯勋、李文亮 6 人前往第四工业机械部进行培训学习。1970 年 7 月，研发出电子管隔板（805 部件），1971 年研发出 95 瓷集成电路扁平封装器件，并成功应用于东方红人造卫星，获中央军委的嘉奖。1975 年，新化县无线电器材厂以 50 余名员工创造出 500 多万元人民币的利润佳绩，荣获四机部“红管家”先进称号。电子陶瓷成为新化县的主要产业。20世纪80年代初至90年代，新化县城关镇（现上梅街道）连续14年被评为湖南省镇街工业第一名。

特种陶瓷是新化县的传统支柱产业，是20世纪60年代为支撑我国“两弹一星”研发而发展起来的新材料产业，至今已有60余年历史。目前初步形成了集特种陶瓷生产、模具制造、技术开发、检验检测、产品营销、新材料制造于一体的特种陶瓷产业集群，产品涵盖了电光源系列、温控陶瓷系列、金属化瓷器系列、电路基板系列、保险管瓷管系列、新能源系列、多孔陶瓷系列、水阀片陶瓷系列13大系列一万余个品种。很大一部分产品有独特的陶瓷配方和生产工艺，具有行业核心竞争优势，具备了人才、技术、质量、市场、资源等各方面的良好发展条件，是新化县最具发展潜力的特色产业。2021年，全县有先进陶瓷企业233家，其中，国家高新技术企业39家，从业人员3.6万余人，年产值135.6亿元，占全县工业总产值的46.8%（其中，新化县高新区园区先进陶瓷产值85.96亿元，占63.4%）。

随着新化县先进陶瓷产业的不断创新发展，产品市场也得到了不断扩张。目前，新化县温控器陶瓷系列产品在全国占有80%以上的市场份额，放电管用金属化瓷管、保险管瓷管在全国占有70%以上的市场份额，水阀片系列产品占有国内市场份额的90%以上，部分产品被广泛应用于我国高铁、新能源汽车和航空航天等高精尖领域，并有部分产品远销亚太、美洲和欧洲，市场前景十分广阔。

近年来，应我国加快转变发展方式、转换发展动力的政策要求，新化县又着力推进先进陶瓷产业的集聚发展、创新发展和转型升级发展，加大了对特种陶瓷新技术、新产品的研发应用力度，加强了对特种陶瓷知识产权的重视和投入，与清华大学、天津大学、国防科技大学、湖南大学、中南大学、中科院上海硅酸盐研究所、中国电子科技集团第十二研究所、中材高新材料股份有限公司和山东工业陶瓷研究院等知名高校、科研院所和企业开展产学研企合作，组建成立了湖南省特种陶瓷产业技术创新战略联盟。目前，新化县拥有湖南省电子功能陶瓷工程技术研究中心1个，湖南省智能制造示范车间2个，湖南省两型工业企业2家，湖南省工业质量标杆企业2家，国家知识产权优势企业1家。

在各级政府的推动与领导下，新化县先进陶瓷公共研发平台、集中排蜡与高温烧结平台、检验检测平台、科技企业孵化器等产业公共服务平台日趋完备。2020年，新化县电子陶瓷产业服务中心已正式投入运营，成功入围湖南省先进制造业集群培育发展对象的17个产业集群促进服务机构；2021年6月15日，新化县人民政府、湖南人文科技学院和新化县楚怡工业学校举行了先进陶瓷现代产业学院合作签约、揭牌仪式；2022年12月，先进陶瓷现代产业学院获批成为省级现代产业学院（图1-2）。先进陶瓷现代产业学院的成立将为湘中地区乃至湖南全省先进陶瓷产业提供充足的人才保障，极大地推动产业科技创新发展，提升企业科技创新能力。

图 1-2　新化县先进陶瓷产业发展

1.3.4　陶瓷工业在国民经济中的地位

特种陶瓷在国民经济中占据着极其重要的地位。陶瓷材料和金属材料、有机高分子材料并列为当代三大材料。首先，陶瓷是人们日常生活中不可缺少的日用品。几千年来，一直是人类生活中使用的主要餐具、茶具和容器。此外，陶瓷又是制造美术陈设器皿最耐久、最富于装饰性的材料，陶瓷坚致洁白，明洞似玉，便于塑造且变化万千，丰富多彩，是其他材料无法替代的，适于多种装饰手段。陶瓷又是一种原料来源丰富，传统技艺悠久，具有坚硬、耐用等一系列优良性质的材料。日用陶瓷、建筑卫生陶瓷在人们日常生活和建筑工业中大量使用。电力、电子工业中的陶瓷绝缘材料，化学工业中的耐腐蚀陶瓷材料，冶金工业中需要的大量耐火材料以及其他工业中都需要使用大量的陶瓷材料。这些工业用陶瓷材料在陶瓷工业中所占的比重，随着国家经济的发展日益增大。陶瓷工业的产品已遍及民用和工业领域的各个方面，在各个领域发挥其应有的作用。陶瓷是中国的伟大发明之一，在国际上享有很高的声誉，在对外交往中，瓷器常作为中国的传统礼品与各国交流。陶瓷制品，包括美术陈设陶瓷、日用陶瓷和建筑卫生陶瓷作为传统产品，在对外贸易中占有一定的地位。陶瓷工业是国民经济中不可忽视的产业，在国民经济中的地位不容低估。

随着现代科学技术的飞跃发展，对材料的要求更高更严。近代出现的许多技术，如电子技术、空间技术、激光技术、计算机技术、红外技术等，这些技术的应用与推广，都是在新型材料的发现、生产及应用的基础上才能得到保证。具有优良性能的特种陶瓷材料，作为高温结构和功能材料已得到了广泛应用。为了提高电压等级和增大输配电容量，要有高机械强度和介电强度的电瓷，以供线路和电器、电站使用。耐腐蚀、耐磨损、热稳定性高的化工陶瓷是化学工业不可缺少的一种结构材料。电子技术从晶体管，到厚薄膜电路、大规模集成电路，这些技术的进步和压电、铁电陶瓷、磁性材料等是分不开的。核能发电等新能源所需的结构材料也往往要用陶瓷材料来承担。许多现代国防工业和尖端科学技术，如航空、航天、半导体、高频技术、通信技术以及高温材料和各种特种用途的新材料、新元件无不需要陶瓷材料，航天技术中的运载火箭、飞船等所使用的高温结构材料、烧蚀材料和涂层许多都属于陶瓷范畴。作为具有悠久历史的陶瓷，随着科学技术的日新月异，新型陶瓷材料必然会层出不穷。古老的陶瓷工业在新的形势下，将再次产生飞跃，在现代工业和国民经济的发展中起到更为重要的作用。

1.3.5 新化县先进陶瓷主要产品介绍

1. 金属化陶瓷产品系列

陶瓷金属化是近年来新开发的技术领域之一，拥有自主知识产权，在金属化配方、粉末的分选及球磨技术、涂覆及红外烘干技术上有着明显的创新性，产品综合性能已处在国内领先水平。将陶瓷材料表面金属化，使它成为既具有陶瓷的特性，又具有金属性质的一种复合材料，广泛应用于电子元件、基片。现有披银金属法、钼锰金属法、活性金属化等多种陶瓷金属化工艺（图 1-3）。

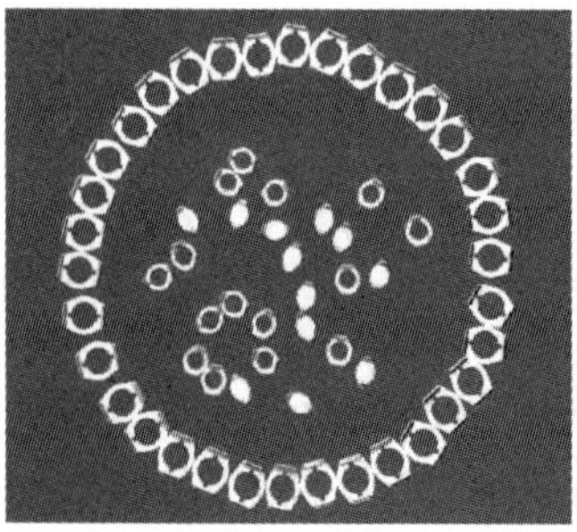

（a）

（b）

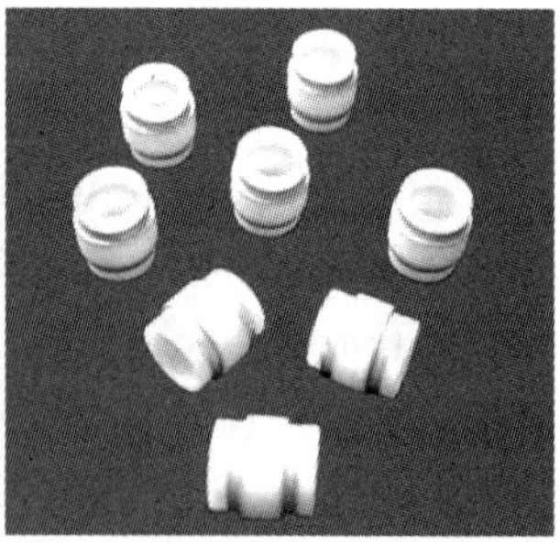

（c）

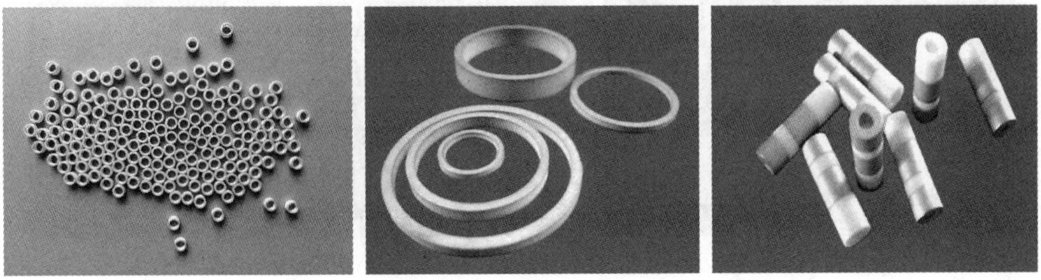

（d）　　（e）　　（f）

图 1-3　金属化陶瓷产品系列图片

2. 新能源系列产品

新能源系列陶瓷采用高纯复相氧化铝陶瓷及厚膜镀镍工艺技术，具有高强度、高可焊性、高密封性能，适合于钎焊铜和铝等不同材料的组合，能满足抗震和抗拉要求，耐电解液化学腐蚀，达到新能源动力汽车电池盖板极柱的可靠导电性及耐腐蚀、密封和绝缘标准，目前是全球新能源动力汽车电池内密封连接的最佳技术方案。

电动汽车专用陶瓷继电器广泛用于控制电动汽车启动、预热、空调、灯光、雨刮、电喷、油泵、防盗、音响、通信、导航、电动风扇、冷却风扇、电动门窗、安全气囊、防抱死制动、悬架控制及汽车电子仪表和故障诊断等系统，是仅次于电动汽车电子传感器在汽车上应用最多的电子元器件之一（图 1-4）。

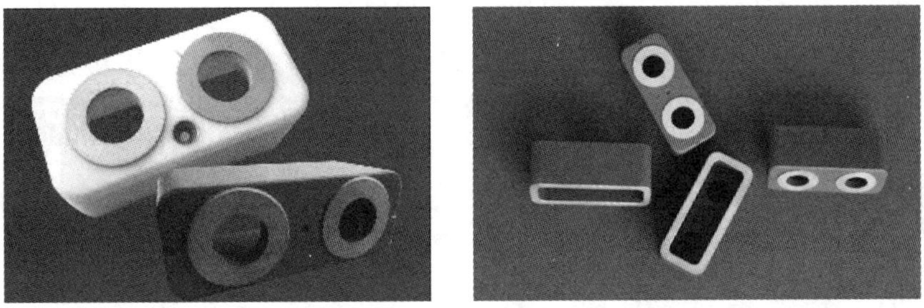

（a）　　（b）

图 1-4　新能源系列产品图片

3. 水阀片陶瓷系列产品

采用“双面干压成型”工艺规模化生产，技术处于国内先进水平，产品坯内无气泡，具有密度高、硬度高、耐磨、无毒、密封性能好、寿命长、节能等特点，是国家强制推广的陶瓷节能型的关键核心部件（图 1-5）。水阀片系列产品使用次数高达 70 万次以上，不滴漏，产品经国家轻工业建筑五金质量监督检测中心检测，符合国家标准《陶瓷片密封水嘴》（GB 18145—2003）的技术要求。

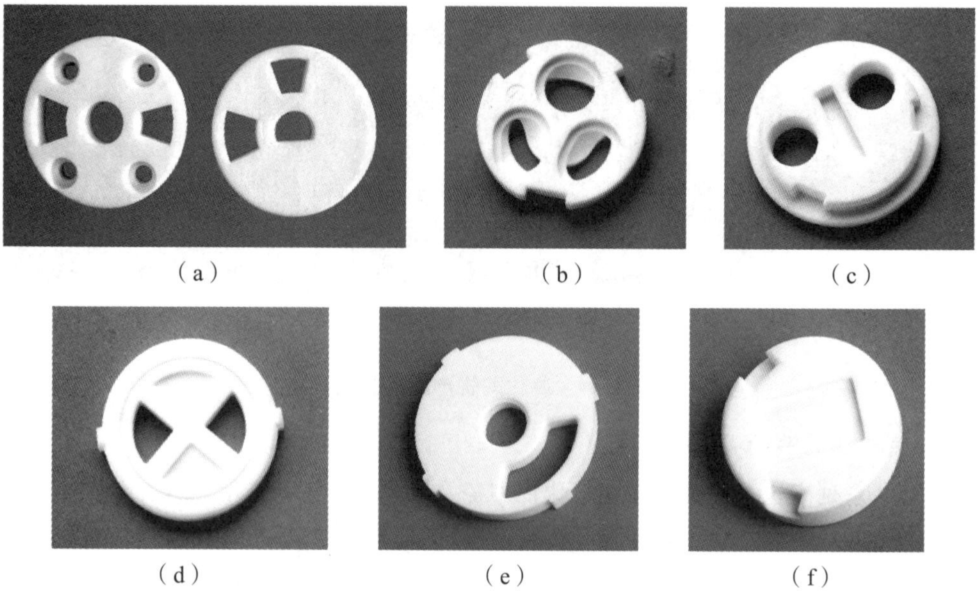

图 1-5　水阀片陶瓷系列产品图片

4. 温控器陶瓷系列产品

采用 95%氧化铝或滑石瓷生产的温控器用陶瓷零件，广泛使用于饮水机、热水器、冰箱、空调等电器具和电热冷冻通风设备中。由于产品经过 1 600 °C 以上的高温烧成，其强度、绝缘性能、耐热性能、对温度的灵敏性都很稳定，并且以其低成本、大批量的可生产性，已经取代了传统的电木、塑料件产品。温控器用陶瓷产品，完全符合 RoHS 规范（《关于限制在电子电气设备中使用某些有害成分的指令》），不含任何有害物质（图 1-6）。

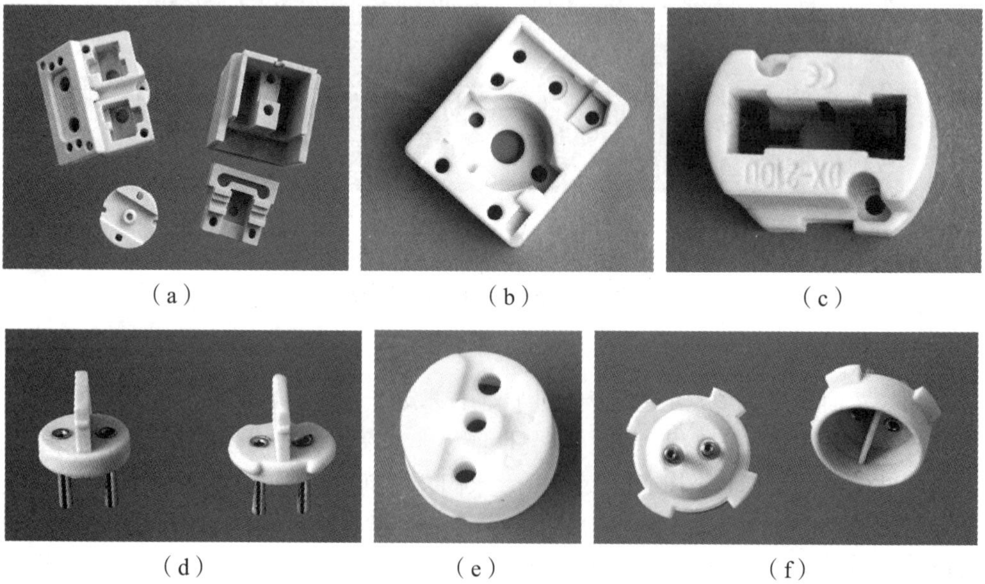

图 1-6　温控器陶瓷系列产品图片

5. 电光源陶瓷系列产品

以特种陶瓷为主要材料的各种灯头、灯座、灯罩、车灯插头等具有光滑细腻、绝缘性好、耐高温、强度高等特性。其原料来源广泛，制造成本低。

LED 灯是全新的一代光源，具有发光效率高、光色质量好、节能等优点，与传统灯相比，耗能 1/7 左右。LED 散热器要求具有较好的散热性能，以降低 LED 灯的环境温度，提高其使用寿命。该材料是一种高导热的陶瓷复合材料，导热率已达到 39 W/(m·K)，相当于金属铝的 1/5 左右，绝缘强度达 15 kV/mm，绝缘电阻≥1 014 Ω·㎝，已大量为 LED 灯所采用（图 1-7）。

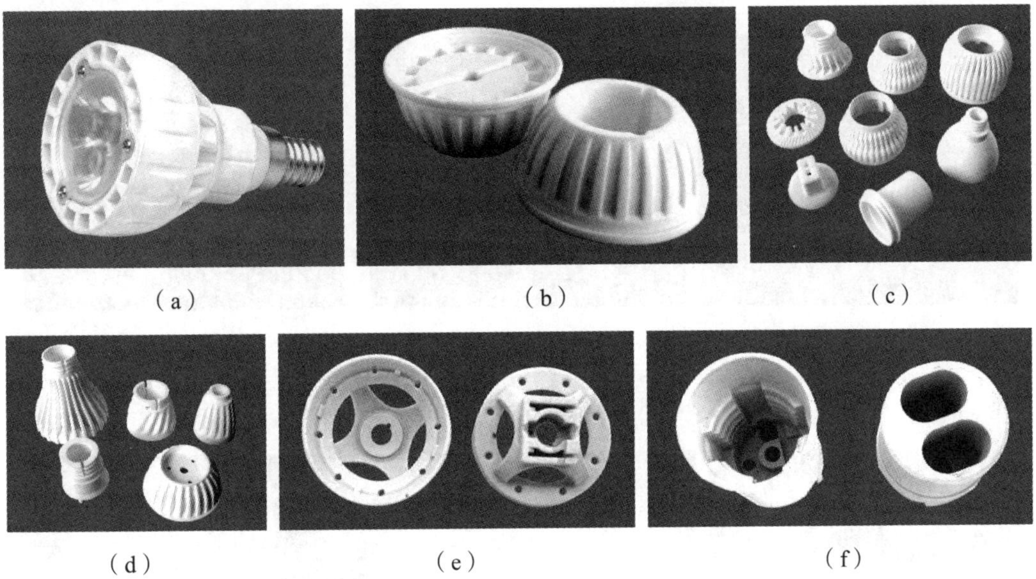

图 1-7　电光源陶瓷系列产品图片

6. 保险管陶瓷系列产品

保险管陶瓷主要用于消费电子、家电、通信、汽车、机械设备等设备设施中的熔断器，主要起过载保护作用，是不可或缺的重要零部件。新化县保险管陶瓷起步于 2000 年，企业通过自主创新、自主研发，在部分特种保险管陶瓷部件的加工生产中获得多项发明专利，达到国内领先水平；可根据实际性能要求采用挤压、热压铸、干压、注射等成型工艺生产各种规格和满足多种性能要求的优质产品，为国内主要保险管陶瓷生产基地。其中，小型保险管陶瓷管产品占领国内 70%以上市场，新能源、电动汽车领域特种保险丝用陶瓷部件也达到国内一流水平（图 1-8）。

7. 电路基板系列产品

集成电路用黑陶瓷低熔点玻璃封装外壳基板，是集成电路封装的主要形式之一（全陶瓷封装、黑陶瓷低熔点玻璃封装、塑料封装），其可靠性和生产成本介于全陶瓷封装和塑料封装之间，具有遮光性能好、利于光敏性半导体器的保护、散热性能好等特点。薄膜电路基板，应用于薄膜集成电路衬底，具备精确的外形尺寸、精细的表面状况、良好的机电性能等特点，广泛用于民用整机和某些军工领域（图 1-9）。

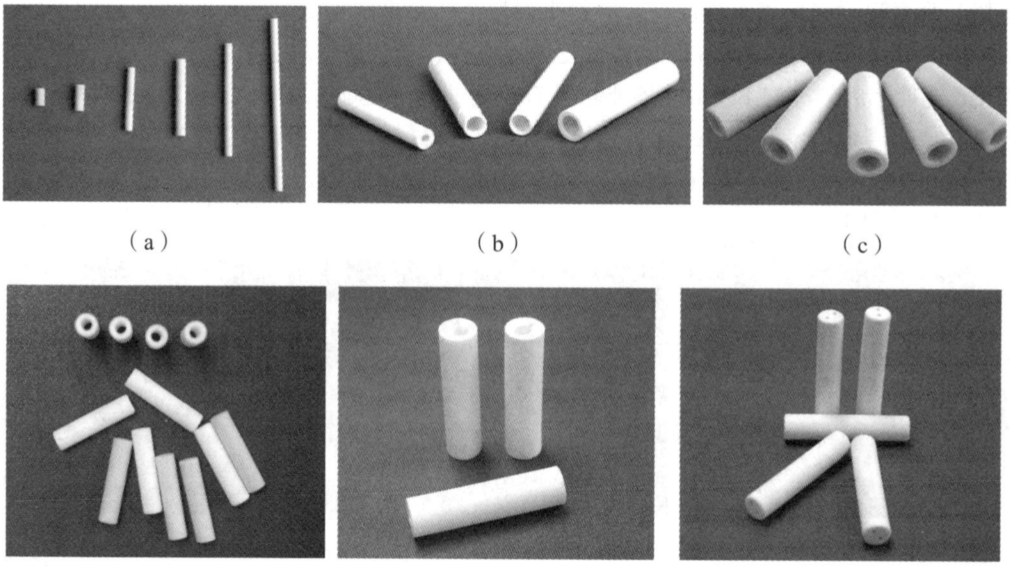

（a）（b）（c）（d）（e）（f）

图 1-8　保险管陶瓷系列产品图片

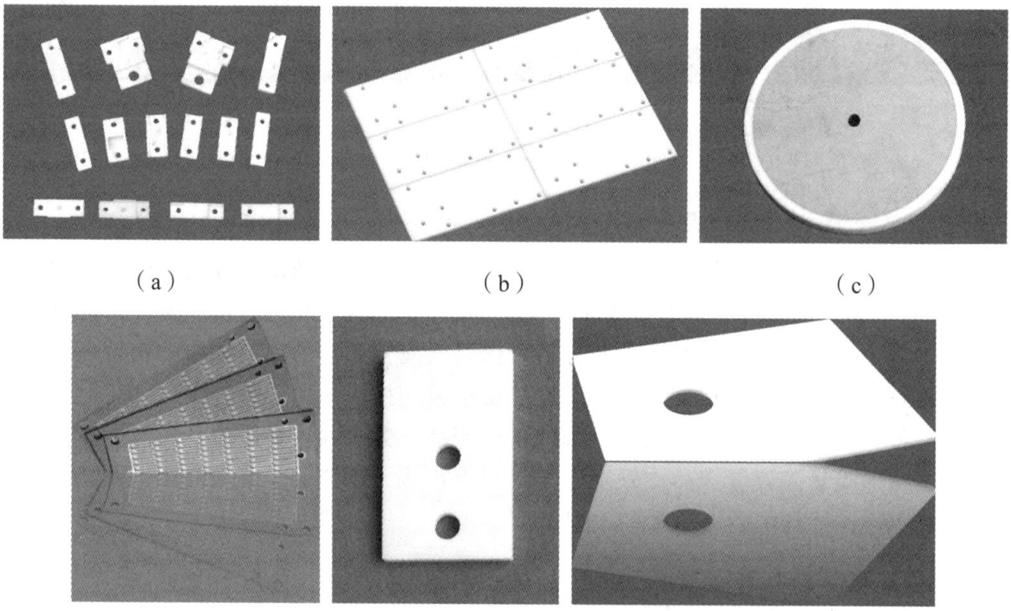

（a）（b）（c）（d）（e）（f）

图 1-9　电路基板系列产品图片

8. 骨架支架陶瓷系列产品

以氧化铝陶瓷（习惯地分为 75 瓷、95 瓷、99 瓷等）和滑石瓷（偏硅酸镁）为主的一类陶瓷材料，具有较高的机械强度、良好的绝缘性能、耐高温、抗腐蚀、介质损耗小和介电常数低等特点，广泛应用于电子电器、电子元件、电子整机中，起到绝缘、装载、支承、连接等作用。该陶瓷产品品种繁多，用途各异，是当前特种陶瓷行业产量最大、用途最广的一类产品（图 1-10）。

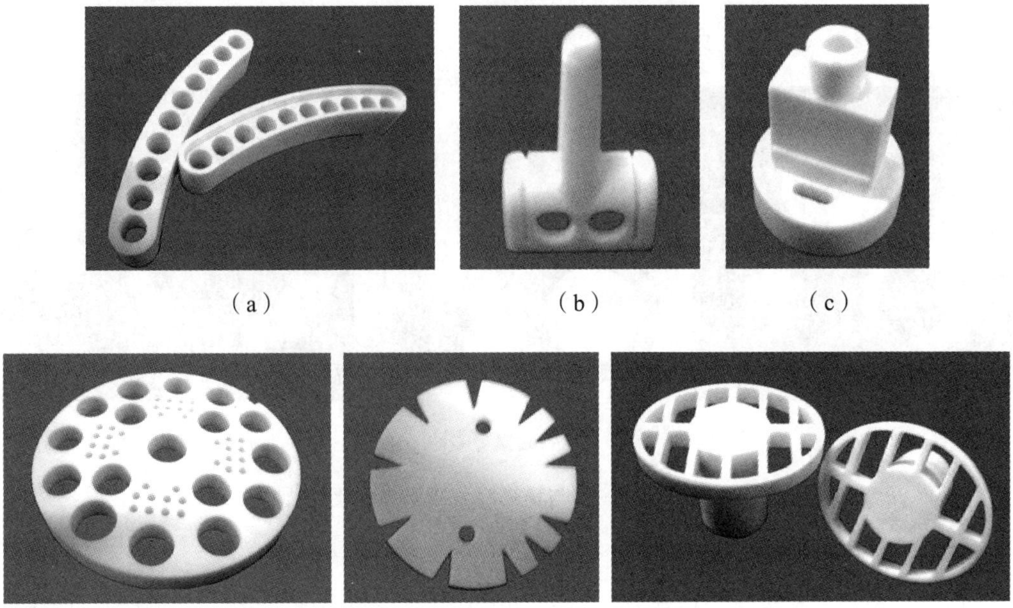

（a）　（b）　（c）

（d）　（e）　（f）

图 1-10　骨架支架陶瓷系列产品图片

9. 耐磨与增韧陶瓷系列产品

耐磨陶瓷具有高致密度、高硬度、耐高温、耐腐蚀、抗冲击、耐强冲刷、不易脱落、不发生裂纹，并可耐各种介质腐蚀等优点。以高、纯、超微三氧化二铝、氧化锆为主要原料，少量化学纯的碳酸钙及高、纯稀土金属氧化物为原料，经 1 700 °C 高温焙烧，发生物理、化学反应，最后形成微观结构为莫来石、刚玉晶相的一种陶瓷（图 1-11）。该陶瓷产品解决了电力、冶金、港口码头等行业设备磨损严重的弊端。目前市面上的陶瓷刀大多是用一种纳米材料“氧化锆”加工而成的。将氧化锆粉末在 2 000 °C 高温下用 300 t 的重压配上模具压制成刀坯，然后用金刚石打磨之后配上刀柄就做成了成品陶瓷刀，它具有高硬度、高密度、耐高温、抗磁化、抗氧化等特点。

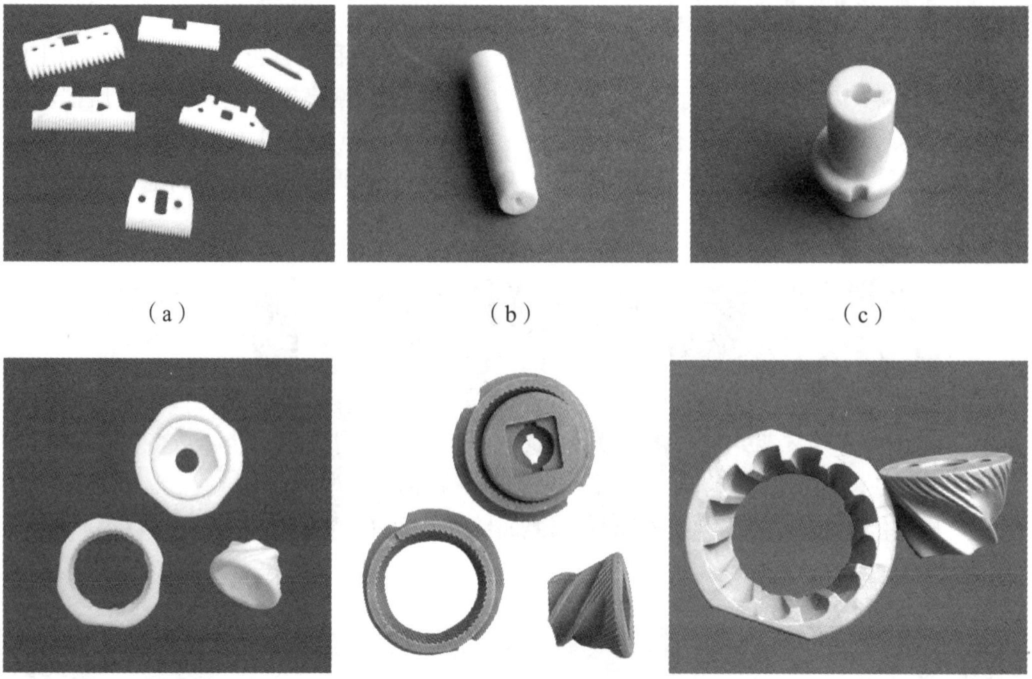

(a) (b) (c)

(d) (e) (f)

图 1-11　耐磨与增韧陶瓷系列产品图片

10. 电真空器件系列产品

真空开关管（又称真空电弧管）是电力开关中的核心部件，是电力行业高、中压输变电系统中的重要组成部分。真空开关管与其他开关（油开关、空气开关、磁吹开关、SF6 开关、少油开关）相比，具有寿命长、工作稳定、可靠性高、无污染、噪声小、无爆炸和火灾危险等特点。封接强度大、气密性好的耐高压、高性能真空开关管管壳将延伸至磁控管组件、微波管、X 光管、电力电子等管壳的应用中，满足现行市场对高质量真空开关管管壳的迫切需求并替代进口产品（图 1-12）。

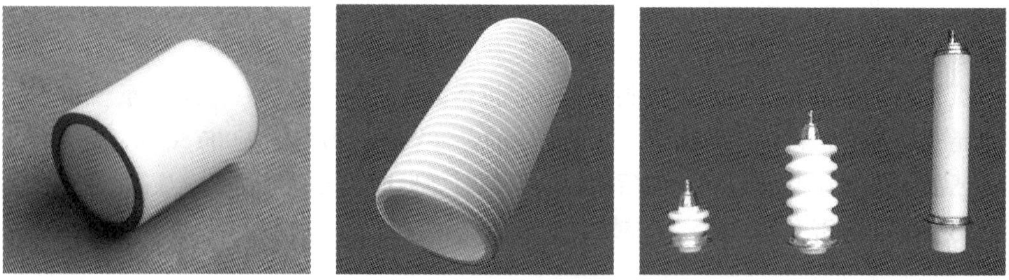

(a) (b) (c)

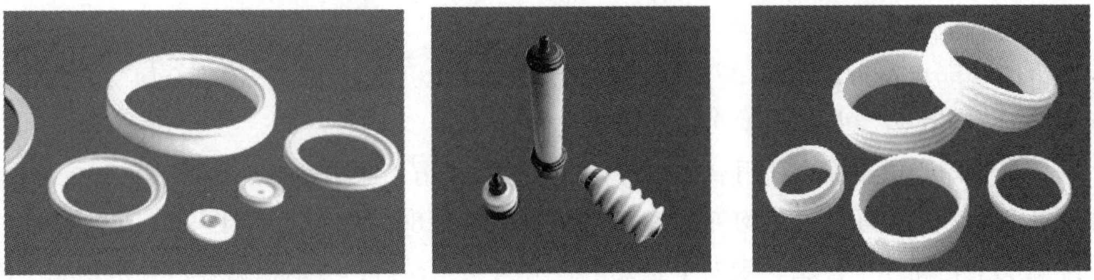

（d）　　　　（e）　　　　（f）

图 1-12　电真空器件系列产品图片

11. 多孔陶瓷系列产品

多孔陶瓷蓄热体是一种新型的工业陶瓷，主要应用于冶金、化工、建材行业的高温蓄热、换热和工业废气处理、垃圾焚烧炉等方面。蜂窝陶瓷蓄热体是工业窑炉高温空气燃烧技术（HTAC）的核心部件，以蜂窝陶瓷作为蓄热体具有良好的蓄热、低阻力以及耐高温特性，从而保障应用 HTAC 技术的工业窑炉达到预期的节能、环保及提高产量的目的。

多孔陶瓷广泛应用于环保、能源、石油各个部门，用作过滤、布气、吸音、化工填料、生物陶瓷和催化剂载体等材料（图 1-13）。多孔陶瓷的制作方法有多种，如发泡法、有机泡沫体浸渍法、溶胶凝胶法等。其中，有机泡沫浸渍法具有设备少、制造成本低、工艺过程简单等优点，目前被广泛采用。

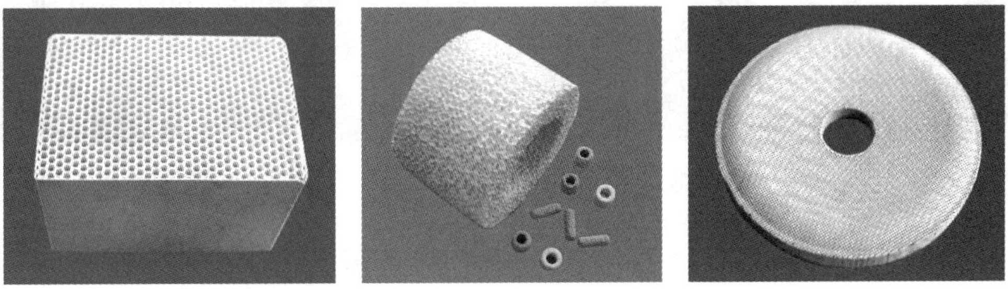

（a）　　　　（b）　　　　（c）

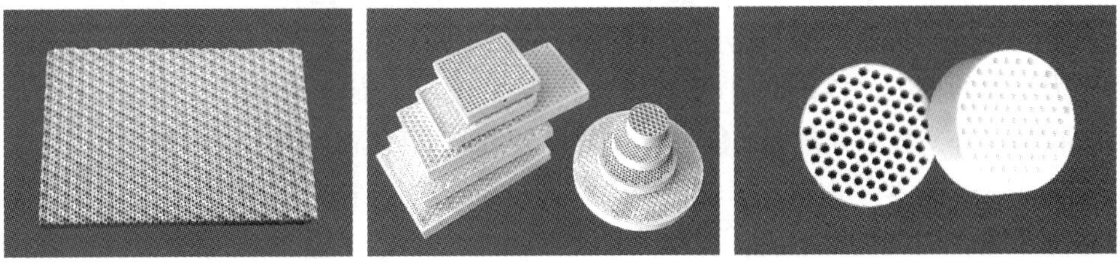

（d）　　　　（e）　　　　（f）

图 1-13　多孔陶瓷系列产品图片

12. 耐热陶瓷系列产品

坩埚密度为 6.00 g/cm^3，最高使用温度为 2 200 °C，主要用于熔炼贵金属。氧化锆坩埚，高温稳定性好，是理想的实验高温耐火制品。

负离子陶瓷烫发板，利用氧化铝材料，通过数十道工序精细加工而成，具有抗冲击、强度高、绝缘性能好、受热均匀等特点。耐热温度在 800 °C 以上，在-20 ~ 300 °C 急剧升降温度下，瓷体不开裂，表面平整光滑，对头发无损伤，可以根据客户要求定制不同颜色。

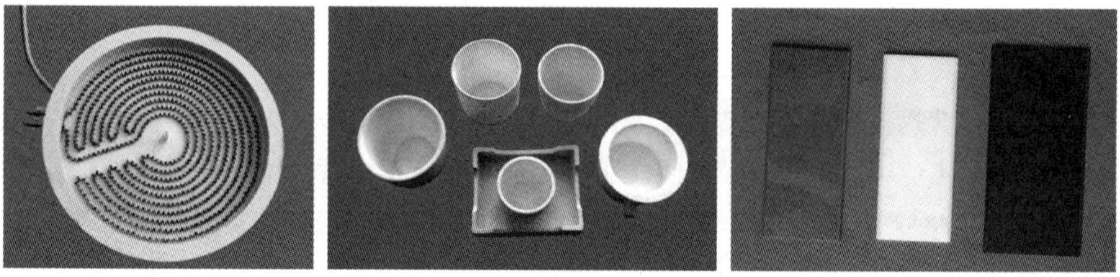

（a）　　（b）　　（c）

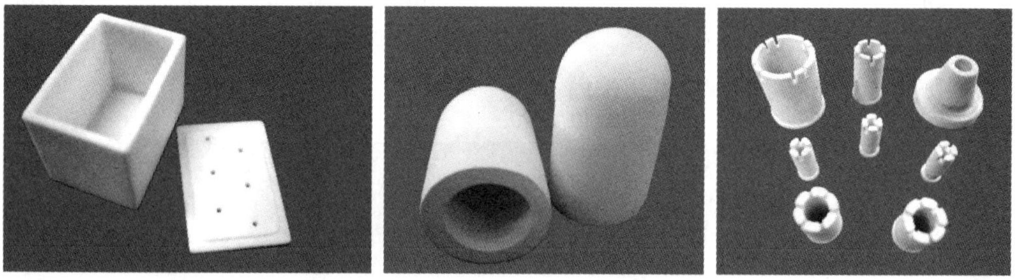

（d）　　（e）　　（f）

图 1-14　耐热陶瓷系列产品图片

13. 装饰陶瓷系列产品

陶瓷手柄，以陶瓷材料制成，并施以釉彩，晶莹光滑，色彩多样，经久耐用，易于清洗，成本低廉，大量为卫浴行业采用。由于陶瓷材料的高强度、高绝缘性，还可用于各种电力器件的把手，各种控制设备、仪器仪表的按钮、旋柄等方面。

锆钛远红外陶瓷系列产品，能够永久地释放负离子和辐射 4 ~ 16 μm 波段红外线，并能产生 0.08 mA 的生物电流。远红外陶瓷系列产品穿戴在身上，能促进和改善血液循环，增强新陈代谢，调整机体平衡，提高人体免疫功能，并有净化空气、抵抗疲劳、安神养气、抗菌消炎等功能，是一种全新的绿色保健产品（图 1-15）。

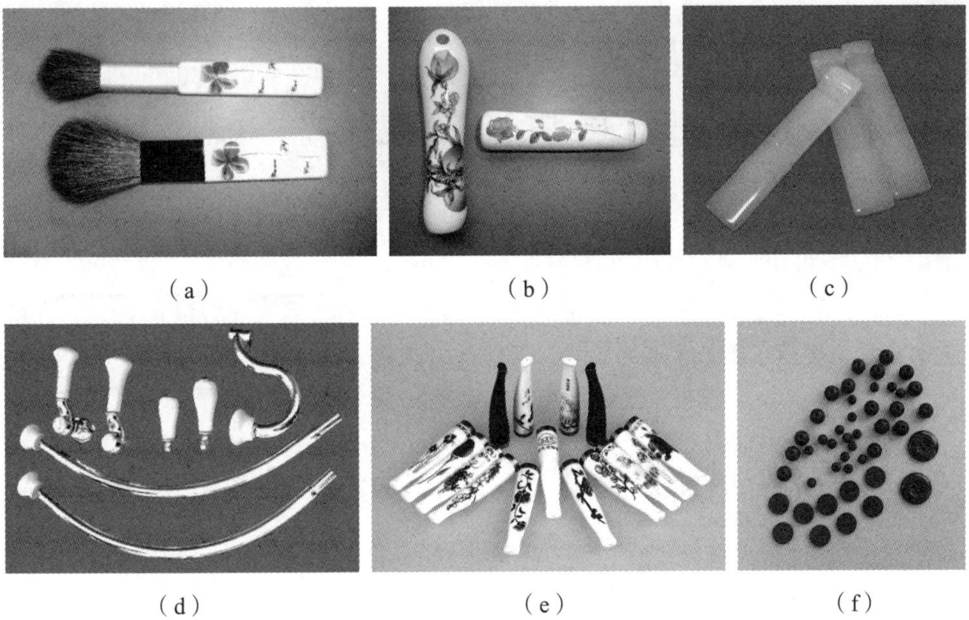

图 1-15　装饰陶瓷系列产品图片

复习思考题

1. 传统陶瓷的概念与现代陶瓷的概念有何不同?
2. 举例简述特种陶瓷在国民经济各领域的作用。

2 计量器具、量具与计量单位

【本章学习要点】通过本章的学习，了解陶瓷生产过程中常用计量器具、量具的种类与使用知识；了解常用法定计量单位及其换算方法。

2.1 计量器具的种类

陶瓷生产在进行配料操作时必须先称量物料的质量。陶瓷生产过程中使用的计量器具主要有天平、台秤、磅秤、电子秤等。为了使计量器具处于正常完好的状态，保证计量结果准确可靠，操作人员应正确、规范地使用计量器具，并做好日常维护保养工作。

2.1.1 天 平

常用的天平有机械天平、电子天平等，如图 2-1 所示。

（a）机械天平

（b）电子天平

图 2-1 天 平

（1）机械天平。机械天平根据杠杆原理制成，在杠杆的两端各有一个小盘，右端摆放已知质量的砝码，左端摆放被测物品，杠杆中间装有指针，当两端平衡时指针指向中心位置，被测物品的质量与砝码的质量相等。机械天平按照用途分为检定天平、分析天平、精密天平和普通天平。

（2）电子天平。电子天平是传感技术、模拟电子技术、数字电子技术和微处理器技术发展的综合产物，具有自动校准、自动显示、去皮重、自动数据输出、自动故障寻迹、超载保护等多种功能。电子天平的准确度高，稳定性好。在电子天平的秤盘上加上被测物品时，传感器的位置检测器信号会发生变化，经过内部信号及数据的处理，最后由显示器自动显示被称物料的质量。

2.1.2 台 秤

陶瓷企业常用的台秤为电子台秤，如图 2-2 所示，它具有自重轻、移动方便、功能多等特点。电子台秤一般由称重台面、秤体、称重传感器、称重显示器、运算放大器、单片微处理器、稳压电源等组成。称量时，被测物品质量通过称重传感器转换为电信号，再由运算放大器放大并经单片微处理器处理，以数码形式在称重显示器上显示出称量值。使用电子台秤时可将其按需放置，如放置在坚硬的地面上或基坑内。电子台秤除具有称重、去皮重、累计称重等功能之外，还可与执行机构联机，通过设定称量时的上下限即可控制加料速度，并作为小包装配料秤或定量秤使用。

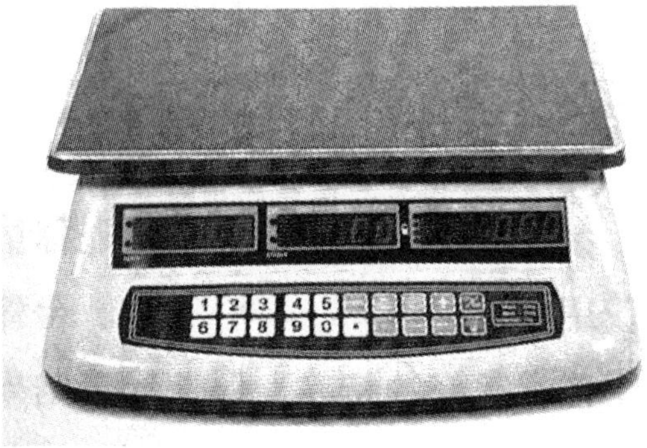

图 2-2 电子台秤

2.1.3 磅 秤

常用的磅秤有机械磅秤和电子磅秤，如图 2-3 所示。磅秤一般用于称量体积和质量比较大的东西。磅秤与台秤除了外观不同，还能从称量范围上进行区分，磅秤的称量范围比台秤更大。电子磅秤具有称量准确性好、操作稳定性好、故障率低的特点，如果增加外接打印机和显示器，在使用上则更加简单、便捷。

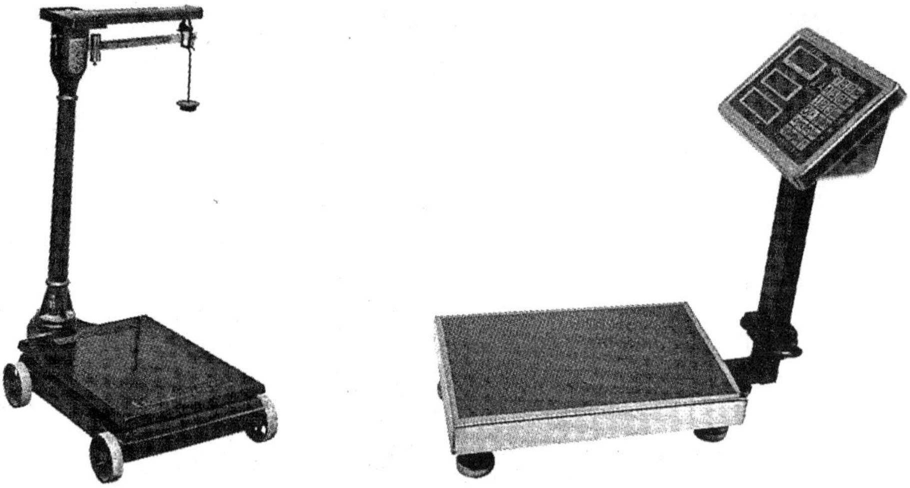

（a）机械磅秤　　（b）电子磅秤

图 2-3　磅　秤

2.2　计量器具的使用知识

2.2.1　普通天平的使用知识

普通天平的精确度不高，一般由托盘、指针、横梁、标尺、游码、砝码、平衡螺母、分度盘等组成。普通天平的最小分度值一般为 0.1 g 或 0.2 g。使用普通天平时的注意事项具体如下。

（1）使用前要将普通天平放置在水平位置。

（2）使用前要将游码归零，并通过平衡螺母将普通天平调试至左右平衡。注意，平衡螺母要向相反的方向调。

（3）检查普通天平的量程，被测物品的质量不能超过量程上限，或低于游码的最小刻度。

（4）不能用手拿砝码，要用镊子夹取并轻拿轻放，也不能将砝码弄湿、弄脏，否则砝码质量会因腐蚀生锈而发生变化，导致测量结果不准确。游码也要用镊子拨动。

（5）称量时注意左物右码（左边放被测物品，右边放砝码）。

（6）添加砝码时，先加接近被测物品质量的大砝码，再加小砝码，先加减砝码，再移动游码，直至指针对准中央刻度线。

（7）游码示值以左边对齐的刻度线为准，被测物品的质量等于砝码质量与游码示值之和。

（8）易潮解的物品和化学物品不能直接放在托盘中，可将其放在玻璃器皿或洁净的纸片上称量，但应在同一天平上先称量玻璃器皿或纸片的质量，再称量被测物品；过冷或过热的物品不可以直接放在普通天平上称量，应先在干燥器内放置至室温后再称量（或放在特殊器皿中称量)。

(9)称量完毕要把游码归零，用镊子将砝码放回砝码盒。

(10)若砝码生锈，则测量结果偏小；若砝码磨损，则测量结果偏大。

2.2.2 电子天平的使用知识

电子天平是通过测量物品作用于秤盘上的重力来确定其质量的，正确使用对保证数据结果准确至关重要，通常在使用时要注意以下几个方面。

(1)称量室环境卫生的保持。要保持称量室的清洁，一旦被测物品撒落，应及时用软布或刷子小心地清除干净。

(2)电子天平的放置。电子天平要放置在稳固的工作台上，避免气流波动、温度变化、阳光直射、振动、静电等环境因素带来影响。不要将电子天平与干燥箱、马弗炉、振动台等混放在一起，否则极易出现不稳定或无法称重的现象。

(3)电子天平的水平调整。电子天平正确放置后，向左或向右旋转前面的地脚螺栓，直至水平仪内的气泡正好位于圆环的中央。

(4)电子天平的预热。电子天平必须通电预热后才能使用，预热的目的是让其在预热时间内进行机械性自检、环境温度监测和存储自检，从而保证系统的正常、稳定。电子天平的预热时间是有明确要求和限制的，电子天平精度越高，预热时间的要求越严格。另外，不要在预热状态下使用电子天平。

(5)电子天平的称量。称量易挥发和具有腐蚀性的物品时，要将其盛放在密闭的容器内，以免腐蚀电子天平。避免外力对称盘造成冲击，严禁电子天平过载。放入秤盘的被测物品温度不宜太高(不超过 70 °C)，以免损坏电子天平。

(6)电子天平的校准。电子天平在使用前必须先校准，电子天平的校准方式分为内部校准和外部校准。内部校准是指电子天平内部安装了砝码，可以自动校准。外部校准是指人工在电子天平外部使用砝码进行校准。当电子天平断电、转移或长时间未使用后，都要对其进行校准，校准时应规范操作。计量检定机构按照《电子天平》(CB/T 26497—2022)的检验规则对电子天平的计量性能进行评判，检验电子天平是否符合使用要求，并出具合格证书。但在日常使用过程中，电子天平的准确性需要使用人员进行校准，二者不可相互替代。

2.2.3 电子台秤的使用知识

1. 使用前准备

(1)正确摆放。在正常情况下，电子台秤应摆放在水平、稳固的台面上，尽量远离振动源，如果台面倾斜或摇晃，会影响电子台秤的读数。

(2)调整水平的方法。初次安装或移动电子台秤后，需要先调整水平，主要通过秤脚高度进行调整，使气泡位于中心圆圈内即可，调整后要拧紧秤脚上的锁定螺母。

2. 使用环境和使用方法

请勿在潮湿或腐蚀环境下使用电子台秤，不可将电气部分浸入液体中，使用时应避免阳光直射，避风口、避振动，使用环境的温度范围宜在-10 ~ 40 °C。

做好使用前的准备工作后就可以开始正常使用：接通电源，打开电源开关，电源要求为 AC 100 ~ 240 V；按开机键 2 s，显示器上有数值显示，等数值稳定后，按调零键；在称量前先预热 15 min，再根据使用需要，按各功能键进行称量；称量完毕，关闭电源开关，拔下电源插头。

3. 日常维护保养

（1）每天清洁电子台秤的秤体，称量结束应关闭电源。当设备出现问题时，必须通知专业维修人员。

（2）在做日常维护保养工作时，必须关闭电源，并将电源插头从电源插座中拔出，否则会导致触电事故或损坏电子台秤。绝对不允许用水冲洗秤体，可以用拧干的湿布擦拭秤体或秤盘。

（3）电子台秤属于高精度仪器，应避免重物撞击。为了延长电子台秤的使用寿命，称量时要轻拿轻放被测物品，并尽可能将其放在秤盘中央，其质量不应超出电子台秤所标示的称量范围上限。

2.2.4 磅秤的使用知识

1. 使用前准备

与电子台秤一样，在正常情况下，磅秤也应摆放在水平、稳固的台面上，并尽量远离振动源。检查秤砣是否齐全，其他部件是否完整。

2. 使用环境

请勿在潮湿或腐蚀环境下使用磅秤，不可将秤体部分浸入液体中。

3. 使用方法

（1）称量前先进行空秤的平衡检查。将游砣移至零位，打开视准器，若平衡则标尺应在视准器内上下均匀摆动，且摆幅对称，若不平衡可调节平衡砣，直至平衡，然后关上视准器，准备称量。

（2）将被测物品放在秤台上，在挂砣上加上适量的秤砣，观察标尺在视准器内上下摆动的情况，移动游砣使标尺平衡，然后读数。

（3）称量完毕，将秤砣取下挂在砣架上。

4. 使用注意事项

（1）为了延长磅秤的使用寿命，在称量时要轻拿轻放被测物品，并尽量将其放在秤台中央，被测物品质量不要超出磅秤所标示的称量范围上限。

（2）秤砣及挂砣应妥善保管，切不可作其他用途，以防失去称量的准确性。游砣也应保持完整，切不可随意拆卸。对于杠杆臂比不同的磅秤，其秤砣不能互换使用。

（3）磅秤的轮子是用于在平坦地面上做短距离移动的，搬运时必须采用抬或固定在车上运送的方式，防止损坏零部件。注意，搬运时不要抬杠杆、标尺或砣架等易折断的部位。

（4）磅秤应专人保管、定期计量。切勿放在露天场所风吹雨淋，防止受潮生锈而失去准确性。

2.3 量 具

2.3.1 游标卡尺

游标卡尺是一种常用的量具，具有结构简单、使用方便、精度中等和测量尺寸范围大等特点，可以用它来测量零件的外径、内径、长度、宽度、厚度、深度和孔距等，应用范围很广。

1. 游标卡尺的结构形式

（1）测量范围为 0 ~ 125 mm 的游标卡尺，可制成带有刀口形的上下量爪和带有深度尺的形式，如图 2-4 所示。

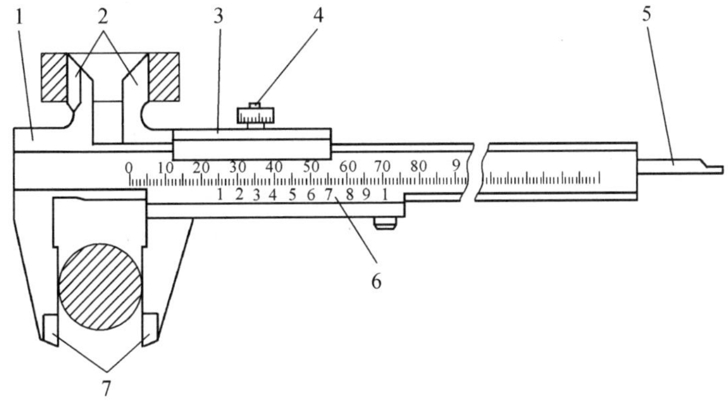

1—尺身；2—上量爪；3—尺框；4—紧固螺钉；5—深度尺；6—游标；7—下量爪。

图 2-4　游标卡尺的结构形式之一

（2）测量范围为 0 ~ 200 mm 和 0 ~ 300 mm 的游标卡尺，可制成带有内外测量面的下量爪和带有刀口形的上量爪的形式，如图 2-5 所示。

（3）测量范围为 0 ~ 200 mm 和 0 ~ 300 mm 的游标卡尺，也可制成只带有内外测量面的下量爪的形式，如图 2-6 所示。而测量范围大于 300 mm 的游标卡尺，只制成仅带有下量爪的形式。

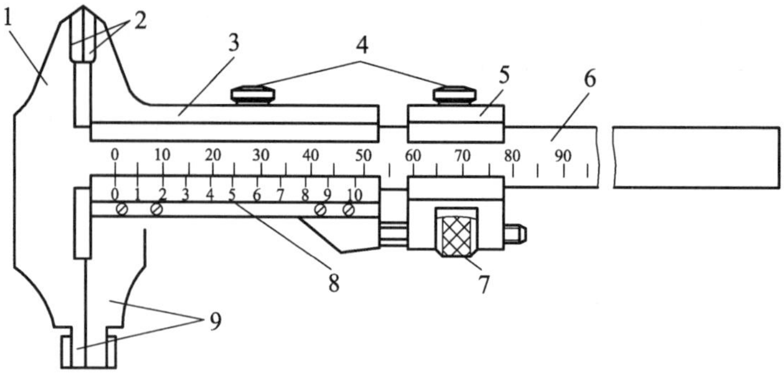

1—尺身；2—上量爪；3—尺框；4—紧固螺钉；5—微动装置；
6—主尺；7—微动螺母；8—游标；9—下量爪。

图 2-5 游标卡尺的结构形式之二

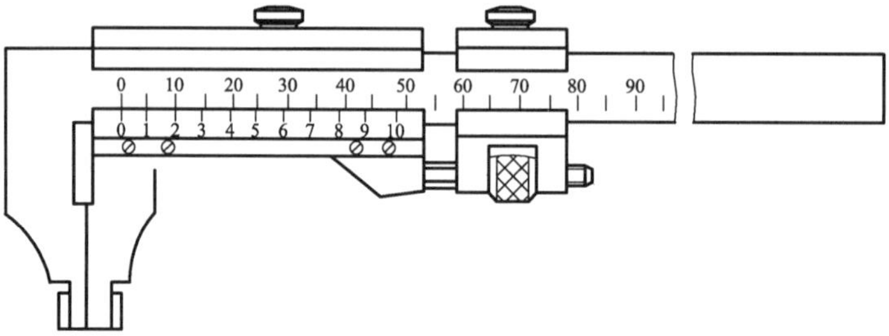

图 2-6 游标卡尺的结构形式之三

2. 游标卡尺的组成部分

（1）具有固定量爪的尺身，如图 2-5 中的 1。尺身上有类似钢尺一样的主尺刻度，如图 2-5 中的 6。主尺上的刻线间距为 1 mm。主尺的长度取决于游标卡尺的测量范围。

（2）具有活动量爪的尺框，如图 2-5 中的 3。尺框上有游标，如图 2-5 中的 8，游标卡尺的游标读数值可制成 0.1、0.05 和 0.02 mm 三种。游标读数值，就是指使用这种游标卡尺测量零件尺寸时，卡尺上能够读出的最小数值。

（3）在 0 ~ 125 mm 的游标卡尺上，还带有测量深度的深度尺，如图 2-4 中的 5。深度尺固定在尺框的背面，能随着尺框在尺身的导向凹槽中移动。测量深度时，应把尺身尾部的端面靠紧在零件的测量基准平面上。

（4）测量范围等于和大于 200 mm 的游标卡尺，带有随尺框做微动调整的微动装置，如图 2-5 中的 5。使用时，先用固定螺钉（4）把微动装置（5）固定在尺身上，再转动微动螺母（7），活动量爪就能随同尺框（3）做微量的前进或后退。微动装置的作用是使游标卡尺在测量时用力均匀，便于调整测量压力，减少测量误差。

3. 游标卡尺的测量精度

测量或检验零件尺寸时，要按照零件尺寸的精度要求，选用相适应的量具。游标卡尺是一种中等精度的量具，它只适用于中等精度尺寸的测量和检验。用游标卡尺去测量陶瓷毛坯或精度要求很高的尺寸，都是不合理的。前者容易损坏量具，后者测量精度达不到要求，因为量具都有一定的示值误差，游标卡尺的示值误差见表 2-1。

表 2-1　游标卡尺的示值误差

游标读数值/mm	示值总误差/mm
0.02	±0.02
0.05	±0.05
0.10	±0.10

游标卡尺的示值误差，就是游标卡尺本身的制造精度，不论使用时操作如何，卡尺本身就会产生这些误差。例如，用游标读数值为 0.02 mm 的 0 ~ 125 mm 的游标卡尺（示值误差为±0.02 mm），测量 50 mm 的轴时，若游标卡尺上的读数为 50.00 mm，实际直径可能是 50.02 mm，也可能是 49.98 mm。因此，若该轴的直径尺寸是 IT5 级精度的基准轴，则轴的制造公差为 0.025 mm，而游标卡尺本身就有±0.02 mm 的示值误差，选用这种量具去测量，显然是无法保证轴径的精度要求的。

如果受条件限制（如受测量位置限制），必须用游标卡尺测量较精密的零件尺寸时，又该怎么办呢？此时，可以用游标卡尺先测量与被测尺寸相当的块规，消除游标卡尺的示值误差（称为用块规校对游标卡尺）。例如，要测量上述 50 mm 的轴时，先测量 50 mm 的块规，看游标卡尺上的读数是不是正好 50 mm。如果不是正好 50 mm，则比 50 mm 大的或小的数值，这就是游标卡尺的实际示值误差，测量零件时，应把此误差作为修正值考虑进去。例如，测量 50 mm 的块规时，游标卡尺上的读数为 49.98 mm，即游标卡尺的读数比实际尺寸小 0.02 mm，则测量轴时，应在游标卡尺的读数上加上 0.02 mm，才是轴的实际直径尺寸；若测量 50 mm 块规时的读数是 50.01 mm，则在测量轴时，应在读数上减去 0.01 mm，才是轴的实际直径尺寸。另外，游标卡尺测量时的松紧程度（即测量压力的大小）和读数误差（即看准是哪一根刻线对准），对测量精度影响亦很大。所以，当必须用游标卡尺测量精度要求较高的尺寸时，最好采用和测量相等尺寸的块规相比较的办法。

4. 游标卡尺的使用方法

量具使用得是否合理，不但影响量具本身的精度，而且直接影响零件尺寸的测量精度，甚至会发生质量事故，造成不必要的损失。所以，我们必须重视量具的正确使用，对测量技术精益求精，以获得正确的测量结果，确保产品质量。

使用游标卡尺测量尺寸时，必须注意下列几点：

（1）测量前应把卡尺揩干净，检查卡尺的两个测量面和测量刃口是否平直无损，把两个量爪紧密贴合时应无明显的间隙，查看游标和主尺身的零刻度线是否对齐。

（2）对齐就可以进行测量。

（3）没有对齐则要记取零误差。

（4）游标的零刻度线在尺身零刻度线右侧的叫正零误差，在尺身零刻度线左侧的叫负零误差。读数时注意，主尺上刻的数字是厘米数即可。

2.3.2 千分尺

千分尺又称螺旋测微仪、分厘卡，是比游标卡尺更精密的测量长度的工具，用它测量长度可以准确到 0.01 mm，测量范围为几厘米。它的一部分加工成螺距为 0.5 mm 的螺纹，当它在固定套管的螺套中转动时，将前进或后退，活动套管和螺杆连成一体，其周边等分成 50 个分格。螺杆转动的整圈数由固定套管上间隔 0.5 mm 的刻线去测量，不足一圈的部分由活动套管周边的刻线去测量，最终测量结果需要估读一位小数。

1. 千分尺的分类

千分尺分为机械式千分尺和电子千分尺两类。

（1）机械式千分尺：如标准外径千分尺，简称千分尺，是利用精密螺纹副原理测量的手携式通用长度测量工具，如图 2-7 所示。

图 2-7　机械式千分尺

（2）电子千分尺：如数显外径千分尺，也叫数显千分尺。测量系统中应用了光栅测量技术和集成电路等。电子千分尺是 20 世纪 70 年代中期出现的，用于外径测量，如图 2-8 所示。

图 2-8　电子千分尺

2. 操作方法

（1）使用前应先检查零点：缓缓转动微调旋钮，使测杆和测砧接触，到棘轮发出声音为止，此时可动尺（活动套筒）上的零刻线应当和固定套筒上的基准线（长横线）对正，否则有零误差。

（2）左手持尺架，右手转动粗调旋钮使测杆与测砧间距稍大于被测物，放入被测物，转动保护旋钮到夹住被测物，直到棘轮发出声音为止，拨动固定旋钮使测杆固定后读数。

3. 读数方法

（1）先读固定刻度。

（2）再读半刻度，若半刻度线已露出，记为 0.5 mm；若半刻度线未露出，记为 0.0 mm。

（3）再读可动刻度（注意估读），记为 $n\times0.01$ mm。

（4）最终读数结果为固定刻度+半刻度+可动刻度+估读。

4. 注意事项

（1）测量时，注意要在测微螺杆快靠近被测物体时应停止使用旋钮，而改用微调旋钮，避免产生过大的压力，既可使测量结果精确，又能保护螺旋测微器。

（2）在读数时，要注意固定刻度尺上表示半毫米的刻线是否已经露出。

（3）读数时，千分位有一位估读数字，不能随便扔掉，即使固定刻度的零点正好与可动刻度的某一刻度线对齐，千分位上也应读取为“0”。

（4）当小砧和测微螺杆并拢时，可动刻度的零点与固定刻度的零点不相重合，将出现零误差，应加以修正，即在最后测长度的读数上去掉零误差的数值。

5. 使用保养

（1）检查零位线是否准确。

（2）测量时需把工件被测量面擦干净。

（3）工件较大时应放在 V 形铁或平板上测量。

（4）测量前将测量杆和砧座擦干净。

（5）拧活动套筒时需用棘轮装置。

（6）不要拧松后盖，以免造成零位线改变。

（7）不要在固定套筒和活动套筒间加入普通机油。

（8）用后擦净上油，放入专用盒内，置于干燥处。

2.4 计量单位

2.4.1 法定计量单位

法定计量单位是国家法律法规规定使用的计量单位。1984 年 2 月 27 日，《国务院关于在我国统一实行法定计量单位的命令》发布，国务院决定在采用先进的国际单位制（SI）的基础上，进一步统一我国的计量单位。

我国的法定计量单位包括国际单位制的基本单位、国际单位制的辅助单位、国际单位制中具有专门名称的导出单位、国家选定的非国际单位制单位、由以上单位构成的组合形式的单位、由词头和以上单位所构成的十进倍数和分类单位。

以下介绍部分与陶瓷原料准备工作相关的法定计量单位。

1. 国际单位制的基本单位（表 2-2）

表 2-2　国际单位制的基本单位

量的名称	单位名称	单位符号
长度	米	m
质量	千克	kg
时间	秒	s
电流	安[培]	A
热力学温度	开[尔文]	K
物质的量	摩[尔]	mol
发光强度	坎[德拉]	cd

2. 部分国家选定的非国际单位制单位（表 2-3）

表 2-3　部分国家选定的非国际单位制单位

量的名称	单位名称	单位符号	换算关系和说明
时间	分	min	1 min=60 s
	[小]时	h	1 h=60 min=3 600 s
质量	吨	t	1 t=10^3 kg
体积	升	L	1 L=1 dm^3=10^{-3} m^3

2.4.2　词　头

为了避免量的数值过大或过小，在单位中，还包括单位的十进倍数和分类单位，它们是将词头加在单位之前构成的。部分用于构成十进倍数和分类单位的词头见表 2-4。

表 2-4　部分用于构成十进倍数和分类单位的词头

所表示的因数	词头名称	词头符号	所表示的因数	词头名称	词头符号
10^6	兆	M	10^{-1}	分	d
10^3	千	k	10^{-2}	厘	c
10^2	百	h	10^{-3}	毫	m
10^1	十	da	10^{-6}	微	μ

使用十进倍数和分类单位的词头时，应注意以下几点。

（1）词头不能重叠使用，如没有毫微米这种说法，应用纳米（nm）；词头也不能单独使用，如 15 μm 不能写成 15 μ。

（2）10^4 称为万，10^8 称为亿，10^{12} 称为万亿，这类数词的使用不受词头名称的影响，但不应与词头混淆。

（3）十进倍数和分类单位的词头应正确选用，一般应使量的数值处于 0.1 ~ 1 000 之内。例如，对于量 12×10⁴ N，词头应选用 k，写成 12 kN，而不能选用 M，写成 0.012 MN；对于量 0.003 94 m，词头应选用 m，写成 3.94 mm；对于量 11 401 Pa，词头应选用 k，写成 11.401 kPa。

复习思考题

1. 陶瓷生产人员使用的计量器具主要有哪些？
2. 电子天平的使用注意事项有哪些？
3. 电子台秤的日常维护保养应如何进行？
4. 磅秤的使用注意事项有哪些？

3 氧化铝陶瓷原料

【本章学习要点】本章重点介绍了95%氧化铝陶瓷生产中使用的各种原料，如氧化铝原料、高岭土原料、滑石原料、碳酸钙、油酸、石蜡及蜂蜡。通过本章的学习，了解95%氧化铝陶瓷生产使用的各种原料的化学性能和物理性能。

3.1 氧化铝（Al_2O_3）粉

以氧化铝陶瓷（Al_2O_3）为主要成分的陶瓷称为氧化铝陶瓷。它属于无机非金属材料之一。Al_2O_3具有多种晶体结构，但应用较多的有三种，即α-Al_2O_3、β-Al_2O_3、γ-Al_2O_3，其中α-Al_2O_3的晶体结构最紧密，其硬度大、耐磨损、高温稳定，是三种形态中最稳定的晶态，具有良好的机械和电学性能。故α-Al_2O_3通常是制造氧化铝陶瓷最主要、最常用的原料（图3-1）。α-Al_2O_3含量高的陶瓷制品强度高、密度高、耐磨性能好。在生产Al_2O_3含量99.5%以上高纯氧化铝陶瓷或透明陶瓷时，要求α-Al_2O_3原料纯度≥99.9%，还需超细粉碎且粒径分布均匀。

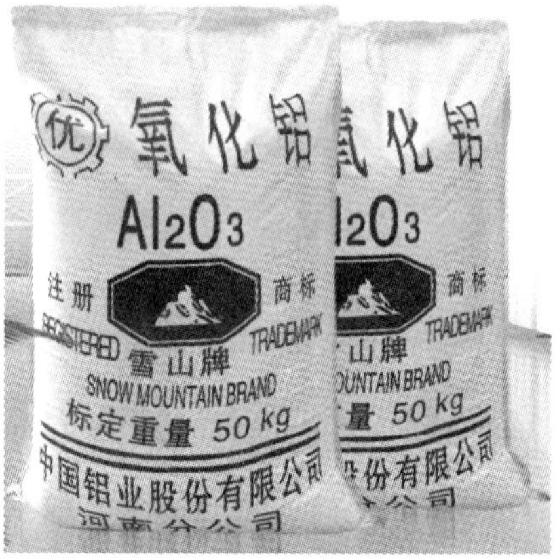

图3-1 氧化铝（Al_2O_3）粉

在制备Al_2O_3原料方面，如果对于纯度要求不高的Al_2O_3，一般是通过化学方法来制备。以铝土矿为原料，通过烧结、溶出、脱硅、分解、煅烧等步骤，把铝土矿中的Al_2O_3成分溶解于氢氧化钠溶液中，将得到的偏铝酸钠溶液冷却至过饱和态，加水分解就会析出氢氧化铝沉淀，再将它煅烧即可得到Al_2O_3。

原料要求：

级别：AN-12（一级）

纯度：Al_2O_3≥99%（98%）

SiO_2≤0.08%

B_2O_3≤0.08%

H_2O≤0.12%

灼烧量≤0.30%

比重≥3.95，

细度 5 μm≥50%、10 μm≤20%

3.2　高岭土

高岭土亦称瓷土，是一种主要由高岭石组成的黏土（图 3-2）。其矿物成分除高岭石外，还含多量的石英和云母。国际上对这类特殊的黏土均称为“高岭”（Kaolin）。高岭土外观一般呈白色或灰白色，被其他物质污染时，易变为黑、褐、粉、红、米黄等色。高岭土产出时呈致密或疏松的块状，无光泽，硬度接近于 1，比重 2.6，具滑腻感，能用手捏成粉末，干燥后有吸水性，可塑性弱，煅烧后呈白色，耐火度 1 700 °C 以上，烧结温度在 1 400 °C 左右。我国高岭土资源很丰富，如陕西的上店土、山西的大同土、湖南的界牌土、江苏的苏州土、江西的星子土等。

原料要求：

外观白色块状，无黄色和其他杂色斑点，断面无砂砾。

化学成分：

SiO_2　46.5% ~ 47.5%

Al_2O_3 37% ~ 38%

Fe_2O_3 <0.45%

CaO <0.15%

MgO <0.1%

R_2O <0.9%

GT 13% ~ 14%

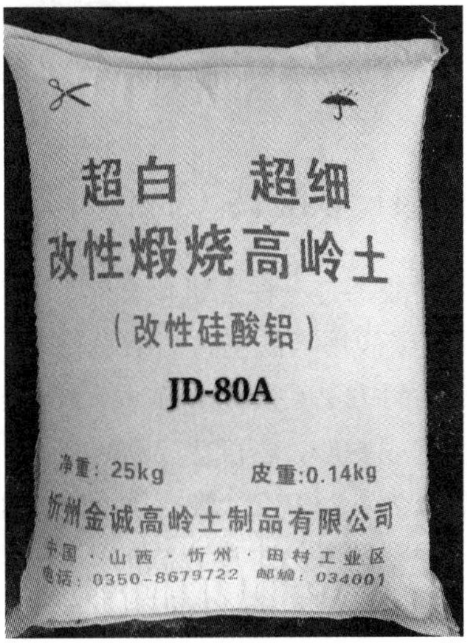

图 3-2　高岭土

3.3　滑　石

滑石是一种有特点的非金属矿物，作为一般填料和功能性填料广泛应用于造纸、塑料、涂料、陶瓷等行业（图 3-3）。

滑石的分子式为 $Mg_3Si_4O_{10}(OH)_2$，化学名称水合偏硅酸镁，单斜晶系。纯滑石的理论组成：SiO_2 63.47%、MgO 31.68%、H_2O 4.75%。它的基本结构单元是两层由硅原子和氧原子构成的四面体夹着一层由镁原子、氧原子和羟基构成的八面体。这种基本结构单元的表面不包含羟基和其他活泼离子，因此滑石憎水并且化学性质不活泼。滑石不溶于弱酸、弱碱和水，不燃烧，不导电。虽然滑石的化学性质不活泼，它却对某些有机物有很强的亲和性，也就是说它是亲油性的。温度在 700 ~ 900 °C 时，滑石逐渐失去羟基（或结构水）；1 000 ~ 1 200 °C 时：生成高温 β-顽火辉石；1 250 ~ 1 350 °C 时，生成 α-斜顽火辉石，熔点为 1557 °C。矿物集合体通常呈片状或致密块状，颜色呈白色、灰色、粉色、黑色等。纯滑石有油脂光泽，滑腻感，莫氏硬度为 1，密度为 2.75 g/cm^3。

我国滑石资源很丰富，主要分布在辽宁、山东、广西、江西、青海五省。

图 3-3　滑　石

3.4　碳酸钙（$CaCO_3$）

碳酸钙是一种无机化合物，化学式为 $CaCO_3$，是石灰石、大理石等的主要成分（图 3-4）。碳酸钙是白色微细结晶粉末，无味、无臭；有无定形和结晶两种形态；结晶型中又可分为斜方晶系和六方晶系（无水碳酸钙为无色斜方晶体，六水碳酸钙为无色单斜晶体），呈柱状或菱形，密度为 2.93 g/cm^3；熔点 1 339 °C（825 ~ 896.6 °C 时已分解），10.7 MPa 下熔点为 1 289 °C；难溶于醇，溶于氯化铵溶液，几乎不溶于水。

根据碳酸钙生产方法的不同，可以将碳酸钙分为重质碳酸钙、轻质碳酸钙、胶体碳酸钙和晶体碳酸钙。根据碳酸钙粉体平均粒径（d）的大小，可以将碳酸钙分为微粒碳酸钙（$d > 5$ μm）、微粉碳酸钙（1 μm）、超细碳酸钙（0.02 μm）。根据组成碳酸钙的原子和离子的排列是否有规律，可以将碳酸钙分为晶体碳酸钙和非晶体碳酸钙。此外，还有纳米碳酸钙等。

碳酸钙以其在自然界中分布广、易于获取的特点而被广泛应用。在现代工业中，石灰石是制造水泥、石灰、电石的主要原料，是冶金工业中不可缺少的熔剂灰岩，优质石灰石经超细粉磨后，被广泛应用于造纸、橡胶、油漆、涂料、医药、化妆品、饲料、密封、黏结、抛光等产品的制造中。随着科学技术的不断进步和纳米技术的发展，石灰石的应用领域还将进一步拓宽。

图 3-4　碳酸钙

3.5　二氧化硅（SiO_2）

二氧化硅是一种无机物，化学式为 SiO_2（图 3-5）。二氧化硅有晶态和无定形两种形态。自然界中存在的二氧化硅如石英、石英砂等统称硅石。纯石英为无色晶体，大而透明的棱柱状石英晶体叫作水晶，含微量杂质而呈紫色的叫紫水晶，浅黄、金黄和褐色的称烟水晶。玉髓、玛瑙和碧玉都是含有杂质的有色石英晶体。晶态二氧化硅密度为 2.2 g/cm^3，熔点 1 723 °C，沸点 2 230 °C，不溶于水。

二氧化硅用途很广泛，主要用于制造玻璃、水玻璃、陶器、搪瓷、耐火材料、气凝胶毡、硅铁、型砂、单质硅、水泥等，在古代，二氧化硅也用来制作瓷器的釉面和胎体。一般的石头主要由二氧化硅、碳酸钙构成。

图 3-5　二氧化硅

3.6　油　酸

油酸，化学式为 $C_{18}H_{34}O_2$，是一种单不饱和 ω-9 脂肪酸（图 3-6）。油酸主要来源于自然界，以甘油酯的形式存在于动植物油脂中。将油酸含量高的油脂经过皂化、酸化分离，即可得到油酸。

纯油酸熔点 13 ~ 14 °C，沸点 360 °C，相对密度 0.893 5（20/4 °C），蒸气压：52 mmHg

（37 °C），折射率 1.458 5 ~ 1.460 5，闪点 270.1 °C。易燃，与强氧化剂、铝不兼容，易溶于乙醇、乙醚、氯仿等有机溶剂中，不溶于水。遇碱易皂化，凝固后生成白色柔软固体。在高热下极易氧化、聚合或分解。无毒。经氧化制备壬二酸，也可用作农药乳化剂、润滑剂、印染助剂、工业溶剂、金属矿物浮选剂、脱模剂、油脂水解剂，用于制备复写纸、打字纸、圆珠笔油及各种油酸盐等。

图 3-6　油　酸

3.7　石　蜡

石蜡，又称晶形蜡（图 3-7），溶于汽油、二硫化碳、二甲苯、乙醚、苯、氯仿、四氯化碳、石脑油等一类非极性溶剂，不溶于水和甲醇等极性溶剂。石蜡是石油加工产品的一种，是矿物蜡的一种，也是石油蜡的一种。它是从原油蒸馏所得的润滑油馏分经溶剂精制、溶剂脱蜡或经蜡冷冻结晶、压榨脱蜡制的蜡膏，再经溶剂脱油、精制而得的片状或针状结晶。主要成分是固体烷烃，无臭无味，为白色或淡黄色半透明固体。石蜡是非晶体，但具有明显的晶体结构。分为全精炼石蜡、半精炼石蜡和粗石蜡。石蜡的熔点为 56 ~ 57 °C。

图 3-7　石　蜡

石蜡的用途：① 可以用于制作洗涤剂、乳化剂、润滑脂等。② 用作食品、口服药品及某些商品的组分及包装材料。③ 用于水果保鲜，电器元件绝缘，提高橡胶抗老化性和增加柔韧性等。④ 可以用于制作洗涤剂、乳化剂、润滑脂等。

石蜡是特种陶瓷热压铸成型常用的塑化剂。

3.8　蜂　蜡

蜂蜡为蜜蜂科昆虫分泌的蜡（图 3-8），将取去蜂蜜后的蜂巢入水锅中加热熔化，除去上层泡沫杂质，趁热过滤，放冷，蜂蜡即凝结成块，浮于水面，取出，即为黄蜡。黄蜡经熬炼、脱色等加工过程，即成蜂蜡。蜂蜡表面为乳白色、光滑、无杂质、质硬、较脆、断面呈米状，有蜂蜜香味。

蜂蜡具有良好的黏着性、塑形性、脱离性、成膜和防水、防潮湿、防氧化变质等特性，广泛用于绝热、绝缘、隔水、工业涂料和医疗工业行业等。

图 3-8　蜂　蜡

复习思考题

1. 75 瓷、85 瓷、95 瓷分别是什么含义？
2. 氧化铝陶瓷配方与传统日用瓷配方有何异同？
3. 石蜡和蜂蜡的作用是什么？

4 氧化铝陶瓷热压铸成型加工工艺

【本章学习要点】本章重点介绍了氧化铝陶瓷生产中使用热压铸成型的生产工艺，如原料的预处理、陶瓷瓷料配方、制料工艺、热压铸成型等工艺技术。通过本章的学习，了解热压铸成型中的瓷料准备；掌握热压铸成型的温度设定、压铸的空气压力、模具的冷却以及成型常见的缺陷；掌握95%氧化铝陶瓷材料的配方，以及瓷料的配料、球磨、料浆的配制、搅拌、坯体成型等生产过程。

4.1 原料预处理

在许多情况下，原料粉末在使用前需要进行一定的处理，如煅烧、粉碎、分级、提纯等。进行处理的目的是调整和改善原料的物理、化学性质，使之适应后续工序和产品性能的需要，如改变粉末的粒径、粒度分布和颗粒形状；增加粉末的流动性和可成型性；改变晶型；去除氧化物、吸附气体及易挥发的杂质；消除游离碳；洗涤清除因各种原因引入的夹杂等。原料是否需要进行处理和进行哪些处理应根据具体情况决定。

4.1.1 原料煅烧

煅烧的主要目的：

（1）去除原料中易挥发的杂质，化学结合和物理吸附的水分、气体、有机物等，从而提高原料的纯度。

（2）使原料颗粒致密化及结晶长大，这样可以减小在以后烧结中的收缩，提高产品的合格率。

（3）完成同质异构的晶型转变，形成稳定的结晶相，如 γ-Al_2O_3 转变为稳定的 α-Al_2O_3。

4.1.2 原料的混合

陶瓷材料宏观上是均质的，而其原料往往有多种成分，这就需要混合。有时虽然是一种成分，但需要加入一些微量的添加剂，因此也需混合。原料混合均匀与否直接影响到成品的性能，特别是当被混合组分的密度、配料比相差悬殊，或物料性质十分特殊时，会增加混料的难度。混合一般在球磨机中进行。

4.1.3 转晶氧化铝（α-Al_2O_3）粉预处理

（1）将进厂的氧化铝粉过 100 目筛，去掉特大颗粒与表面杂质。

（2）将经过筛选的氧化铝粉经 100 ~ 120 °C 烘干 2 h 后待用。

4.1.4 高州土或苏州土粉预处理

（1）将进厂的高州土或苏州土先用人工挑选除去表面杂质，浸泡于自来水中（按料、水质量之比=1∶6）12 h 后，每隔 3 ~ 4 h 搅拌一次直至成泥浆。

（2）将泥浆全部过 250 目筛后存放于大瓷缸中。

（3）沉淀 12 h 吸去上层水再取出，放入布袋中压滤去掉部分水，然后放入铝盘中于电热烤箱中进行烘干（烘烤温度 120 ~ 150 °C 为宜）。

（4）每批进料需进行一次化学分析，以便控制瓷料成分。

（5）将烘干的高州土或苏州土打碎过筛后放入铝筒中待用。

4.1.5 石蜡的预处理

（1）将进厂的石蜡块去掉表面尘土和杂质，敲碎后放入搪瓷筒中，进入烘箱熔化（烘箱温度为 85 ~ 100 °C）后趁热过 250 目筛。

（2）将经过筛的石蜡倒入搪瓷盘中冷却固化。

（3）将冷却固化在搪瓷盘中的石蜡块倒出存放在密闭容器中，避免与尘土接触，以保持干净。

4.1.6 蜂蜡的预处理

蜂蜡预处理方式与石蜡相同。

4.1.7 熟滑石粉的预处理

将进厂的滑石于窑中进行煅烧至 1 350 ~ 1 380 °C，保温 2 h，出窑后，敲碎成最大块小于 ϕ 10 mm 的颗粒，装入球磨机中进行研磨 24 h 后出料，过 60 目筛放入铝筒待用。

4.2 陶瓷瓷料配制料

陶瓷粉体的制备工艺（机械研磨方法或化学方法）、粉料的性质（粒度大小、形态、尺寸分布、相结构）和成型工艺对烧结时微观结构的形成和发展有着巨大的影响，即陶瓷的最终微观组织结构不仅与烧结工艺有关，而且还受粉料性质的影响。由于陶瓷材料本身具有硬、脆、难变形等特点，显微组织结构的优劣不单单影响材料本身性能。因此，陶瓷材料的制备工艺显得更加重要。由于陶瓷材料是采用粉末烧结的方法制造的，而烧结过程主要是沿粉料表面或晶界的固相扩散物质的迁移过程，因此界面和表面的大小起着至关重要的作用。就是说，粉末的粒径是描述粉末品质的最重要的参数。因为粉末粒径越小，表面积越大，单位质量粉末的表面积（比表面积）越大，烧结时进行固相扩散物质迁移的界面就越多，即越容易致密化。制备现代陶瓷材料所用粉末都是亚微米级超细粉末，且现在已发展到纳米级超细粉。粉末制备方法很多，但大体上可以归纳为机械研磨法和化学法两类。

本章介绍机械研磨法（球磨机干磨法），进行粉碎并混合。

氧化铝陶瓷材料具有机械强度高、硬度大、高频介电损耗小、高温绝缘电阻高、耐化学腐蚀性和导热性良好等优良综合技术性能，同时具有生产原料来源广、价格相对便宜、加工制造技术较为成熟等优势，故已被广泛应用于电子、电器、机械、化工、纺织、汽车、冶金和航空航天等行业，成为目前世界上用量最大的氧化物陶瓷材料。

氧化铝陶瓷是一种以 Al_2O_3 为主原料，以刚玉（α-Al_2O_3）为主矿物组成的陶瓷材料。Al_2O_3 陶瓷配方以瓷体中 Al_2O_3 大致含量进行分类，习惯上把 Al_2O_3 含量在 99%左右的陶瓷称为 99 瓷，依次有 96 瓷、95 瓷、90 瓷等。通常把氧化铝含量在 85%以上的称为高铝瓷，99%以上称纯刚玉瓷，其中以 95 瓷应用最为广泛。

氧化铝陶瓷的烧结温度主要由其化学组成中氧化铝的含量来决定，氧化铝含量越高，瓷料的烧结温度越高，除此之外，还与瓷料组成系统、各组成配比以及添加物种类有关。因此，在保证瓷体满足产品使用目的和技术要求的前提下，我们可以通过配方设计，选择合理的瓷料系统，加入适当的各种添加剂，使氧化铝陶瓷的烧结温度尽可能降低。

4.2.1 陶瓷球磨机

陶瓷球磨机是一种工业设备，主要用于建筑行业和陶瓷制造工作，是一种专业的搅碎陶瓷原辅材料的机器设备。球磨机通过不停地转圈而将内部的原料与瓷球和硬物磨损，用于物料的混合、研磨，达到需求的大小。新化县大多选用球磨机来进行陶瓷材料的混合和研磨。

球磨机的工作原理：电机通过减速装置驱动筒体回转，筒体内装有各种直径的磨料介质，装在筒内的物料和介质在离心力和摩擦力的作用下，随着筒体达到一定高度，当它们自身的重力大于离心力时，便脱离筒体内壁抛射下落或滚下，冲击物料。同时，在磨机运转过程中，磨料介质相互间的滑动运动对物料也产生研磨作用，物料在冲击和研磨作用下逐步被粉碎。球磨机是可以每天 24 h 连续工作的粉磨设备。如图 4-1、图 4-2 所示。

图 4-1　球磨机实物图

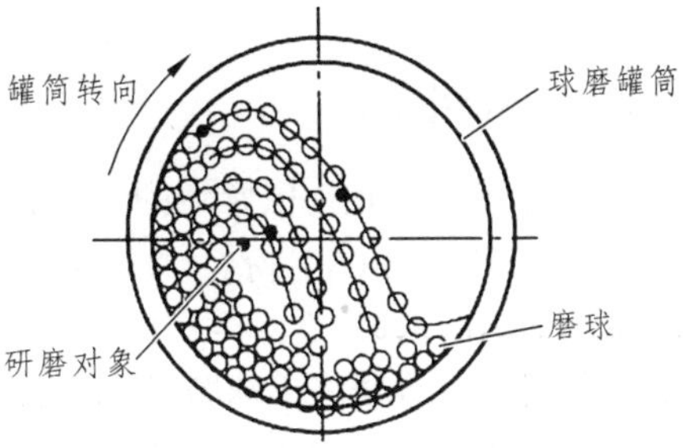

图 4-2　球磨工作原理

4.2.2　电热烤箱

配料烘烤物料选用 0 ~ 300 °C 可调节电热烤箱。如图 4-3 所示。

图 4-3　0 ~ 300 °C 可调节电热烤箱

4.2.3　电子秤、天平

配料称重选用 0 ~ 500 kg 电子秤，天平 0 ~ 1 kg。

4.3.4　其他材料

瓷球	ϕ40 mm×40 mm	100 kg（按球磨机大小配）
	ϕ30 mm×30 mm	100 kg（按球磨机大小配）
铝筒	ϕ500 mm×500 mm	10 个
铝筒	ϕ300 mm×300 mm	10 个

玻璃量筒　　250 mL、100 mL、50 mL、25 mL 各 1 个
筛子　　　　100、200、250 目各 1 个
不锈钢盘子　若干

4.2.5　瓷料配方

瓷料配方选用新化地区常用的 95%瓷料配方，各原料配比如下：

转晶氧化铝（Al_2O_3）粉	93.5%
熟滑石粉	1.0%
石英砂	1.28%
$CaCO_3$	2.25%
高州土或苏州土	1.97%

4.2.6　制配料过程

（1）将各种原料放入烘箱于 120 ~ 150 °C 烘干 8 ~ 10 h。

（2）先按上述瓷料配方配比将 Al_2O_3 粉及 SiO_2 两种原料先放入球磨机中进行研磨 0.5 小时，按料、球质量之比=1∶3 的比例，然后再加入全部原料量（包括熟滑石粉、苏州土与 $CaCO_3$）0.3%的油酸先进行研磨 4 h。

（3）打开球磨机再添加其余小料（熟滑石粉、苏州土与 $CaCO_3$）后再研磨 24 h 后出料，过 60 目筛，并将料粉装入干净的铝筒中待用。

4.2.7　注意事项

（1）各种原料应符合本工艺要求。

（2）称量时需两人同时操作，应仔细认真，一人称量，一人检查，并填写配料记录单。

（3）定期校对称量工具，以免产生误差。

（4）盛装各种原料的器皿应当专用并贴上标记。

（5）新球和新球磨罐在投入使用前必须先经过研磨 24 h，经清洗后烘干再用。

（6）新球磨机内衬胶粘完毕固化后，必须先用废 Al_2O_3 粉加三倍瓷球研磨 100 h 后出料清洗，经检查内衬表面已无任何黏附物时才能投入使用。

（7）油酸加入量可根据瓷料受天气影响适当增减。

（8）定期测料粉细度（加油酸后用酒精过筛）。

（9）本工序必须严格注意工艺卫生以免混入杂质。

（10）球磨机内瓷球配比为 ϕ30 mm×30 mm 和 ϕ40 mm×40 mm 各半。

（11）球磨机在每运转一周后需加入 ϕ40 mm×40 mm 瓷球 5 kg。

（12）球磨机在运转一月后，将瓷球全部倒出，经清洗、烘干、称重后按此数算出瓷

球一周磨损量，以后就按此数每周加入磨损瓷球。

4.3 过 筛

将粉碎后的物料置于具有一定大小孔径的筛面上进行振动或摇动，使其分离成颗粒尺寸范围不同的若干部分，这种方法称为筛分。筛分的作用如下。

（1）粉碎过程中及时筛去已符合细度要求的颗粒，使粗料能得到充分粉碎，以提高设备的粉碎效率。

（2）使物料粒度符合下一工序的要求。如中碎后的原料须经筛分除去较大颗粒，以保证进入球磨机的物料粒度。

（3）确保颗粒的大小及其级配，并限制坯料中粗颗粒的含量，从而改善材料的工艺性能。

筛分为干筛和湿筛两种。干筛的筛分效率主要取决于物料湿度、物料相对于筛网的运动形式和物料层厚度。当物料湿度和黏性较高时，易黏附于筛面上，使筛孔堵塞而影响筛分效率。当料层较薄而筛面与物料之间相对运动较剧烈时，筛分效率就较高。湿筛的筛分效果则主要取决于料浆的黏度和稠度。

常用的筛分机有振动筛、摇动筛和回转筛。振动筛的筛面除发生偏移运动外还有上下振动，从而增加了物料与筛面的接触与相对运动，防止堵塞筛孔，因而筛析效率较高，常用于中碎后的筛分。振动筛不适于筛分水分高、黏性大的物料，因为受振动后颗粒间易黏结成团，影响筛分进行。

4.4 除 铁

陶瓷坯料中若混有铁质将使陶瓷制品的外观质量受到影响。因此，除铁是一道极为重要的工序。

原料中的含铁杂质可以分为金属铁、氧化铁和含铁矿物。这些含铁杂质来自原矿或制备过程中机器的磨损物。

原料中的铁质矿物大部分可采用选矿法与淘洗法除去，但这只对含有铁质的粗粒原料有效。对细粉状有磁性的铁质则用磁铁分离器进行磁选，利用磁铁吸附的原理将其与非磁性物分离开来。

除铁工艺有干法和湿法两种，干法一般用于分离中碎后粉料中的铁质，而湿法用于泥浆中除铁。干法除铁主要用于原料生产厂家，陶瓷生产企业主要采用湿法除铁。湿法除铁是在瓷料搅拌机的末端安装一台磁选机，对搅拌机出浆料进行铁芯磁化，瓷料浆在静水压作用由上往下经过磁选机筛格板，此时含铁杂质被吸除，净化的料浆则由溢流槽流出。当料浆通过筛格板时，呈薄层细流状，故湿法磁选机的除铁效果较好，可除去含铁杂质，有利于减少或消除陶瓷制品的含铁杂质。

4.5 搅 拌

料浆搅拌的目的是使浆池储存的料浆保持稳定的悬浮状态，防止分层或沉淀。常用的料浆搅拌机有框式搅拌机与螺旋桨式搅拌机两种。框式搅料机结构简单，但搅拌效率较低，特别是难将沉淀后的料浆再重新搅拌均匀，所以实际中采用螺旋桨式搅拌机较多。由于这种设备的螺旋片倾斜向下，具有将料浆向上翻动的作用，即使料浆已经沉淀也可将其搅拌起来，获得搅拌均匀的效果。

4.6 成型前料浆的配制

热压铸成型是利用含蜡料浆加热熔化后具有流动性和热塑性，冷却后能在金属模具中凝固成一定形状的特点来完成。

热压铸成型料浆（习惯称为“蜡饼”）所选用的塑化剂是石蜡，为了有利于瓷粉与石蜡的亲和并改善蜡浆的流动性，还常加入少量蜂蜡。

4.6.1 设备、工具与仪器

电热干燥箱	0 ~ 300 °C　内容积 800 mm×1 000 mm×1 000 mm	两台
铝筒	ϕ400 mm×400 mm	两个
慢速搅拌机	140 r/min	一台
筛子	60 目、250 目	各一个
电炉	1.5 ~ 2 kW	两个
胶布棒	ϕ(10 ~ 12 mm)×(300 ~ 400 mm)	两根
搪瓷盘		若干
铝盘		若干
铝铲		若干
量筒	10 mL、150 mL、200 mL	各一个
电子秤	0 ~ 500 kg	一台
恩氏黏度计		一台

4.6.2 配制过程

将上述配制的瓷料粉，白石蜡和蜂蜡分别按如下比例称量。

瓷料粉、石蜡、蜂蜡质量之比=100∶12∶0.5

说明：

（1）石蜡与蜂蜡总量不能超过 12.5%，它们之间的比例可根据天气加以调整。一般蜂蜡、石蜡质量之比=10∶100；天气干燥时，蜂蜡、石蜡质量之比=5∶100；天气潮湿时，蜂蜡、石蜡质量之比=10∶100。

（2）将上述称量好的石蜡、蜂蜡放入铝筒内，用电炉熔化后称量，待用。

（3）将称量好的瓷料入烘箱于 90 ~ 100 °C 下烘干 2 h（绝不能超过 100 °C）。

（4）将熔化好的蜡液按比例再加入 0.2 的油酸，用手工搅拌 5 min（天气干燥时可不加）。

（5）将经烘干加热的热料粉，加入熔化后并加入油酸的蜡液中，用手工进行搅拌，待其有流动性后，再置于搅拌机上进行搅拌不少 2 h 后倒入专用搪瓷盘中冷凝成料浆块备用。

（6）料浆块进行测试其流动度，以便成型时选择。

（7）将冷凝后的料浆块（习惯称为蜡饼）倒出，并用蜡笔写上批号，生产日期、含蜡率与流动度，同时记录在料浆登记本上，以备查考。

4.7 陈 腐

经过球磨制料后的料浆块（蜡饼）在一定的温度和潮湿的环境中放置一段时间，这个过程称为陈腐或闷料，其主要作用如下：

（1）通过毛细管的作用使瓷料中的水分分布更加均匀，使原料颗粒充分水化和进行离子交换，一些硅酸盐矿物长期与水作用会发生水解而转变为黏土物质，从而可提高坯料的可塑性。

（2）可增加腐殖酸物质的含量：通过细菌的作用，促使有机物的腐烂，并产生有机酸使瓷料可塑性提高，改善成型性能。经过陈腐可提高坯体的强度，减少烧成的变形。

一般陈腐时间为 3 ~ 5 d。

4.8 注意事项

（1）定期校对衡器，以免出现差错。

（2）配浆时必须两人同时操作，一人操作一人校对，并填写配料记录，以免出现问题时查对。

（3）各种原料均应符合上述要求。

（4）含蜡率严禁随便变动，特殊情况需经技术部门同意。

（5）本工艺必须严格注意工艺卫生，以免混入杂质。

4.9 原料引起的常见缺陷和解决措施

4.9.1 开 裂

当原料中的可塑性原料的工艺性能发生变化时，会在成型、排蜡及烧成过程中出现开裂现象，所以当半成品、烧成品的开裂现象增加时，应考虑原料的可塑性是否下降，原料的风化期和料浆的陈腐期是否过短等。

4.9.2 变　形

制品的变形缺陷增加时，往往与原料的化学成分波动有关。原料中的 Al_2O_3、SiO_2 及其他氧化物成分变化时，会造成瓷料的耐火度下降，使坯体在高温烧结时软化导致变形。

4.9.3 斑　点

较常见的有铜斑、铁斑，这时应考虑原料中是否含有铜、铁屑等杂质，是否是料场储存时混入。应加强原料精选清洗，注意捡净含铜、铁的料块，加强料场的管理及铜件、铁件设备的维修保养，完善过筛、除铁工艺。

4.9.4 物理性能不合格

制品的吸水率、急冷急热和抗裂实验不合格时，除考虑生产工艺上的因素外，还应考虑瓷料用原料的化学成分是否发生了变化，导致坯件的膨胀系数及高温液相出现了变化。

4.9.5 坯体机械强度过低

坯体机械强度过低会导致坯体在生产过程中大量破损。为了减少坯体破损，要求坯体具有一定的机械强度。引起坯体机械强度过低的原因通常是原料的可塑性降低、原料的均匀程度不够好等。

4.10 热压铸成型

氧化铝陶瓷制品的成型方法有干压、注浆（热压铸成型）、挤压、冷等静压、热等静压、注射、流延等多种。

本节主要介绍最常用的成型方法：热压铸成型。

热压铸成型是生产特种陶瓷较为广泛的一种生产工艺，其基本原理是利用石蜡受热熔化和遇冷凝固的特点，将无可塑性的瘠性陶瓷粉料与热石蜡液均匀混合形成可流动的浆料，在一定压力下注入金属模具中成型，冷却待蜡浆凝固后脱模取出成型好的坯体。坯体经适当修整，埋入吸附剂中加热进行脱蜡处理，然后再脱蜡坯体烧结成最终制品。

热压铸成型方法是最基础最常用的特种陶瓷成型方法，特别是生产小批量的复杂异形结构件，是不可替代的重要工艺。该工序就是将原料车间按要求制备好的瓷料用各种不同的方法制成具有一定形状和尺寸的坏体（生坯）。成型后的坯体仅为半成品，其后还需进行排蜡、烧成等多道工序。成型必须满足如下要求。

（1）坯件应符合图纸及产品的要求，生坯尺寸是根据收缩率经过放尺综合计算后的尺寸。

（2）坯体应具有相当的机械强度，以便于后续工序的操作。

（3）坯体结构要求均匀、致密，以避免排蜡、烧成收缩不一致，使产品发生变形、开裂等。

热压铸成型工艺采用的热压铸机是用压缩空气向蜡浆加压的压气式热压铸机，利用恒温密闭的浆桶及压缩空气送蜡浆进入注模。成型前，把熔好的蜡浆放入浆桶中，通电加热使蜡浆达到要求的温度。浆桶外面是维持恒温的油浴桶，桶内插入温度计，接上继电器控制温度。成型时，将模具的进浆口对准热压铸机出浆口，脚踏或打开压缩机阀门，压浆装置的顶杆把模具压紧，同时压缩空气进入浆桶，把浆料压入模内。维持短时间后，停止进浆，排出压缩空气。把模具打开，将硬化的坯体取出，用小刀削去注浆口注料，修整后得到合格的生坯。

4.10.1 手动热压铸成型机

新化地区的陶瓷热压铸成型机是引进俄罗斯 20 世纪 60 年代机型。目前，生产上使用的热压铸机有两种类型，一种是手动式，一种是自动式，但其基本原理相同。

手动热压铸成型机本体上安装有工作台，工作台上设有固定支撑架，固定支撑架上安装有压紧装置，压紧装置的两端连接第一空气压缩通管，热压铸机本体内设有储料容器，储料容器内设有供料管，热压铸机本体和储料容器之间设有油浴恒温槽，油浴恒温槽内装有加热管，使得储料容器内的浆液能够受热均匀，加热至一定温度熔化料浆，并且设置了压紧装置，减少陶瓷成形过程中产生的气孔。在压缩空气的驱动下，将筒内的料浆通过吸铸口压入模腔，根据产品的形大和大小保持一定时间后，去掉压力，料浆在模腔中冷却成型，然后脱模，取出坯体，成型过程完成。手动热压铸成型机结构如图 4-4。

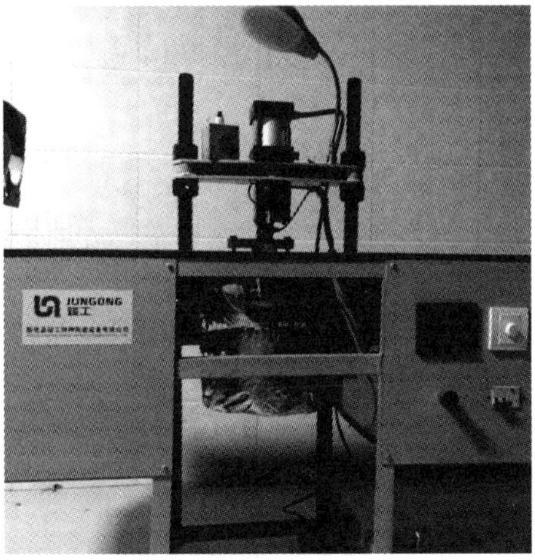

图 4-4　手动热压铸成型机

热压铸成型机的优点是能够成型形状复杂、精度要求高的中小型产品的生产，设备简单，操作方便，劳动强度不大，生产效率较高，模具磨损小，寿命长，因此在电子陶瓷生产中经常采用。但热压铸成型机也有缺点，例如工序比较复杂，产能低，工期长，对于壁薄的大而长的制品由于不易充满模腔而不太适合。

4.10.2 自动热压铸机

自动热压铸成型机工作原理与手动机基本相同，其特点是具有自动脱模装置，且一模多出，生产效率大大高于手动机（图 4-5）。

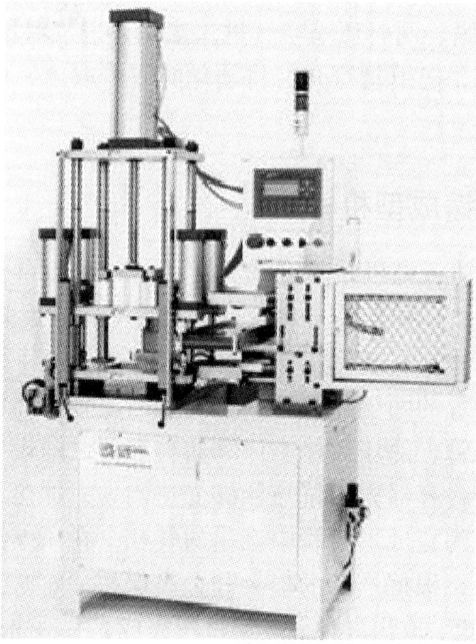

图 4-5 JL01 通用型自动热压铸成型机

以新化县竣工特种陶瓷设备有限公司生产的 JL01 通用型自动热压铸成型机（图 4-6）为例介绍其工作原理。

1. 自动陶瓷热压铸机的结构原理

在自动热压铸机的下部支架机框内设有油桶以及位于油桶内部的料缸；在支架上还设有抽芯气缸和上模板气缸，上模板气缸的活塞杆通过滑动板与下方的上模板相连接；抽芯气缸的活塞杆与芯子相连，在抽芯气缸的上方设置下模板，下模板与型腔相连接，油桶的上端与滑动杆固定连接，滑杆上设有滑动套，滑动套分别与给料气缸的活塞杆和注浆管相连接，注浆管与型腔相配合；在给料气缸、上模板气缸和抽芯气缸上均设有传感器，每个传感器均与控制系统相连接，控制系统通过电磁阀和继电器控制气缸。采用计算机程序控制电磁气动阀，再通过气动阀控制气缸动作，依次完成各种动作。

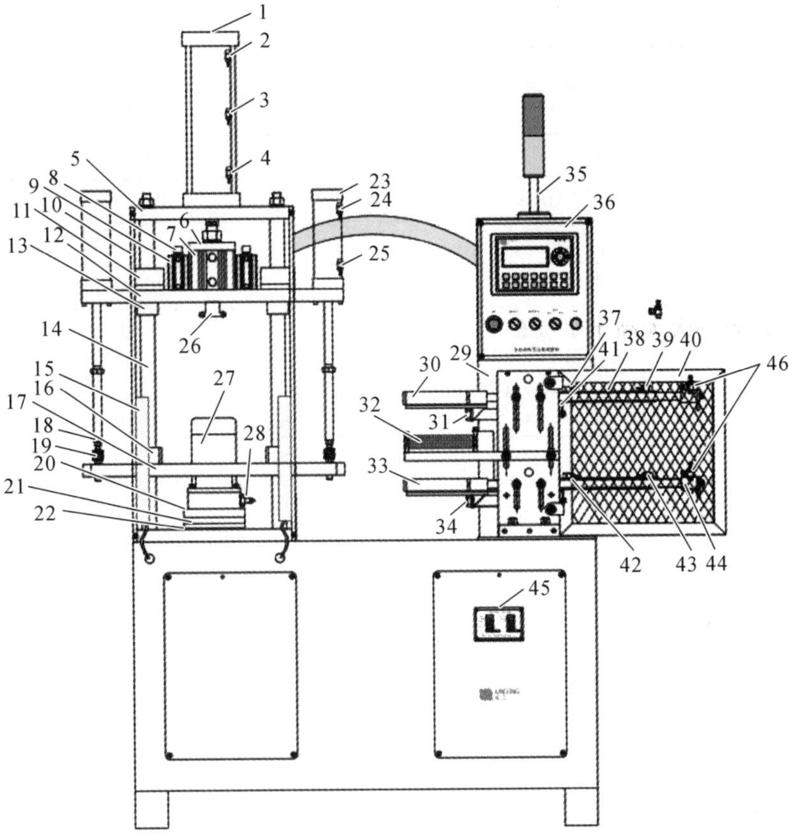

1—主气缸；2—主气缸上到位检测开关（X7）；3—主气缸中到位检测开关（X10）；4—主气缸下到位检测开关（X11）；5—设备顶板；6—主缸连接板；7—打尾料气缸；8—脱模气缸连接横梁；9—脱模气缸；10—光栅固定梁；11—上模安装板石墨倒向轴承；12—上模安装板；13—主光杆直线滚珠轴承；14—主光杆；15—安全光栅（X1）；16—下模安装板石墨倒向轴承；17—下模安装板；18—下模光杆；19—浮动接头；20—料口发热板；21—料口密封板；22—料口隔热板；23—下模合检测开关（X6）；24—下模开检测开关（X22）；25—下模气缸；26—打尾料连接板；27—搅拌马达；28—搅拌马达感应开关（X0）；29—电气控制柜；30—产品接料框；31—推料气缸一；32—输送皮带；33—尾料接料框；34—推料气缸二；35—报警指示灯；36—控制面板；37—机械手一出检测开关（X2）；38—机械手一气缸；39—机械手一回检测开关（X3）；40—防护罩；41—推料连接板；42—机械手二出检测开关（X4）；43—机械手二回检测开关（X5）；44—机械手二气缸；45—设备铭牌；46—调速开关（节流阀）。

图 4-6　JL01 通用型自动热压铸机结构

2. 设备参数

见表 4-1。

表 4-1　JL01 通用型自动热压铸机的设备参数

1	设备型号	JL01
2	设备重量	500 kg
3	额定功率	2.5 kW
4	额定电压	220 V

5	额定电流	10 A
6	额定频率	50 Hz
7	控制电压	24 V
8	控制方式	PLC
9	额定进气压	0.6 ~ 0.8 MPa
10	搅拌定速电机功率	120 W
11	皮带定速电机功率	25 W
12	注浆气压	0.6 ~ 0.8 MPa
13	锁模推力	800 kg
14	开模拉力	744 kg
15	料桶容积	15 L
16	料桶材质	304 不锈钢无缝管
17	料桶加热方式	电阻丝及加热带
18	料管材质	304 不锈钢无缝管
19	料管直径	双料管 2× ϕ 19 mm
20	主缸行程	350 mm
21	设备工作空间	520 mm
22	温度控制方式	PID 调节
23	温控范围	常温→120 °C
24	温控精度	±1.5 °C
25	工作台面模板材质	45#碳板
26	工作台面模板防锈处理方式	镀镍处理
27	机座表面防锈处理方式	喷涂塑粉烘烤处理
28	设备外形尺寸	1800 mm×850 mm×2000 mm
29	料口板安装尺寸范围	140 mm×150 mm
30	可安装模具最大尺寸范围	250 mm×220 mm×270 mm（长×宽×高）
31	脱模推力	327 kg
32	切尾料推力	327 kg
33	脱模中心距	164 mm
34	下模拉力	726 kg
35	下模推力	810 kg
36	下模合行程	190 ~ 260 mm

3. 设备的工作操作模式

设备提供三种工作操作模式。

（1）当旋转开关箭头对准手动时，显示器屏幕会提示设备已进入手动模式，此时控制面板上除了注浆与启动两种功能，其他都能动作，按下相应的按钮开关设备就会执行相应的动作。手动模式主要用于模具安装调试及其他辅助功能操作。

（2）当旋转开关箭头对准半自动时，显示器屏幕会提示设备已进入半自动模式，此时控制面板上除了启动按钮能正常使用，设备其他的执行功能都不能动作，当按下启动按钮开关后设备就会自动运行完一次整套工作流程动作。半自动模式主要用在批量生产前对设备稳定性、模具配合及产品尺寸检验。

（3）当旋转开关箭头对准自动时，显示器屏幕会提示设备已进入全自动模式，此时控制面板上除了启动按钮能正常使用，设备其他的执行功能都不能动作，在按下启动按钮必须满足以下条件，工具安装正确，所有气红在原点位置，光栅没有物体挡住，确认无误后才能启动，设备就会自动连续循环运行整套工作流程动作，除非发生机械故障与设定的工作模式已做完或其他原因设备才会停机。

4. 控制面板功能描述

见表 4-2。

表 4-2　JL01 通用型自动热压铸成型机的控制面板功能描述

开模	在手动模式下按此键开关，控制中模板往上连续移动或点动
脱模	在手动模式下按此键开关，设备就会执行脱模动作，当然要在满足设备条件情况下才能执行
接产品	在手动模式下按此键开关，控制机械手一（接产品筐）左右移动，不能点动，但可以通过调节气缸上的节流阀调整速度
接尾料	在手动模式下按此键开关，控制机械手二（接尾料筐）左右移动，不能点动，但可以通过调节气缸上的节流阀调整速度
下模出	在手动模式下按此键开关，控制下模安装板往上或往下移动，能点动
合模	在手动模式下按此键开关，控制中模板往下连续移动或点动
打料	在手动模式下按此键开关，设备就会执行打料动作，当然要在满足设备条件情况下才能执行
卸尾料/产品	在手动模式下按此键开关，控制机械手一、二（料筐下的胶木板）左右移动来实现卸载功能，不能点动，但可以通过调节气缸上的节流阀调整速度
排气阀	在手动模式下按此键开关，控制排气阀开/关
下模合	在手动模式下按此键开关，控制下模安装板往上或往下移动，能点动
搅拌启/停	在手动模式下按此键开关，控制料筒电机开启与关闭，出现故障报警时按下该键打开故障报警画面
抽芯	为备用功能，模具需要时可启用

4.10.3 空气压缩机

空气压缩机是先进陶瓷产品生产过程中的必配设备，各工段均需压缩空气。本工艺配备的空气压缩机压力必须达到 600 ~ 700 kPa。空气压缩机的工作原理如下：空气通过进气过滤器将大气中的灰尘或杂质滤除后，由进气控制阀进入压缩机主机，在压缩过程中与喷入的冷却润滑油混合，经压缩后的混合气体从压缩腔排入油气分离罐，然后进入油气精分离器进行二次分离，得到含油量很少的压缩空气，当空气被压缩到规定的压力值时，最小压力阀开启，排出压缩空气到冷却器进行冷却，最后送入使用系统。如图 4-7 所示。

图 4-7 空气压缩机

4.10.4 成型需要的其他设备、设施和工具

油水分离器		1 台
搅拌机		1 台
熔蜡锅	ϕ250 mm×250 mm	2 个
电炉	2 kW	2 个
电子秤	0 ~ 40 kg	1 台
削刀		若干
模具		若干

4.10.5 产品坯件成型操作过程

（1）根据产品形状、大小选择好流动度合适的料浆块。

（2）用木棒将料浆块敲碎成小块，放入铝筒内在电炉上进行熔化。

（3）若有回收料（最好不与新料混用），即成型切下的料头，则能重复利用。先用 5 目左右的筛子过筛，筛余下来的回收料需经熔融后全部过 80 目筛，并按新料与回收料的比例为 1∶（0.5 ~ 1）称量，混合后与新料相同工艺入铝筒进行熔化。

（4）回收料筛下的料屑，可作成型烧成用承烧板用，在承烧板用量较多而不够用时，收回料可全部用作成型烧成用承烧板。

（5）将经熔融好料浆的铝筒置于搅拌机内搅拌 1.5 h 或经人工搅拌 1 h 后再置于搅拌机内搅拌 1 h。搅拌时的脂浆温度控制在 70 ~ 80 °C。

（6）将经搅拌机搅拌后的料浆徐徐倒入热压铸机的浆筒内，为去掉料浆倒入时所带入的少量气泡，一般在料浆倒入热压铸浆筒内后还需用胶布棒慢慢进行人工搅拌约半小时。以去掉少量气泡和避免料浆沉淀而引起的分层。

（7）压铸时料浆温度一般控制在 70 ~ 85 °C，铸口温度控制在 60 ~ 65 °C，模具温度一般控制在 25 ~ 40 °C。

（8）在准备好上述事项后，将成型模具的进浆口对准热压铸机的出口，按下铸浆按钮进行压铸，压铸的空气压力根据产品的大小，一般控制在 400 ~ 700 kPa，稳压时间一般为 1 ~ 10 s（大产品、厚产品一般要求压力较高，保压时间较长）。

（9）盛浆桶内的料浆应定期清除（一般一星期清除一次），清除下来的料浆做回收料处理。

（10）模具在成型后必须进行冰冷，冷却温度根据产品形状、大小而定，一般越大的产品模具越接近室温，产品越小，形状越复杂则模具温度要求稍高些，但不得超过 40 °C。

（11）产品脱模后要平稳地平放在铸压铸机的平板上，不宜脱模后即行搬动（尤其在夏天），根据气温高低、形状大小一般要过一段时间待压铸件冷凝后再用手轻而均匀受力下移至合适的容器内。一般大而薄的制品要求放置时间较长，以免产品在手指受力不均下变形。

（12）铸件应均匀整齐地放在专用塑料盒中，以便搬运和防止破损、变形。

（13）产品脱模后要认真进行自检，剔除变形，起泡、缺特、花纹、孔洞、缺损等废品。

4.10.6　热压铸成型常见的缺陷分析

1. 开　裂

开裂是由收缩不均匀所产生的内应力而引起的。其主要原因可能有：① 制品各部位厚度不一，厚薄过度太突然；② 注浆时料浆中断后再注，易形成含有空气的间层；③ 料浆质量不好，陈腐时间不够；④ 坯体在模内存放时间过长。

2. 坯体生成不良或生成缓慢

其原因有：① 料浆中有促使凝聚的杂质；② 料浆水分过高；③ 料浆温度太低；④ 成型车间温度太低；⑤ 模具排气孔分布不匀或气孔率过低。

3. 气泡与针孔

其主要原因可能有：① 模具过热或过旧；② 料浆内有气泡未排除；③ 注浆时加浆过急；④ 模型设计不妥，妨碍气体排出。

4. 变　形

其主要原因可能有：① 脱模过早；② 模具器型设计不好，致使悬臂部分易变形；③ 脱模时人为造成。

5. 斑　点

其主要原因可能是由于料浆中混有铜、铁屑等和其他杂质。

4.10.7　注意事项

（1）本工艺应严格注意工艺卫生，以免混入杂质。

（2）应严格分清不同瓷料的料浆，各种工具应专用。

（3）成型时的温度、气压、保压时间，应根据不同产品灵活使用和掌握。

（4）经常排除油水分离器、贮气缸、气管中的积存水，以免混入料浆中，空气温度高的夏天，尤其应注意。

（5）经常检查机电设备与管道是否正常，以免发生冒浆、漏气、漏电等不安全事故。

（6）爱惜模具，不可将模具乱碰、乱撞、乱丢以免损坏。

4.11　成型模具

4.11.1　成型模具的分类

陶瓷产品常用的成型模具从材质上可分为以下三种。

（1）石膏模：用于可塑成型（湿压、旋坯、滚压等方法）及注浆成型。其作用除确定坯体形状外，利用其多孔性吸收坯料中的水分，使坯体具有一定强度。

（2）金属模：用于可塑成型（湿压、挤压、滚压）及压制成型等方法。这种模具强度大，耐磨性高。

（3）新材质模型：包括树脂模、无机填料模等。主要用于常温等静压成型及做滚压头等。

4.11.2　模具的放尺

一般说来，模具的尺寸和结构应根据产品的形状来设计和确定。但如果完全按产品外形设计的模型无法成型与脱模，且得不到合格的坯体时，则往往要对产品的形状和结构加以修改。

陶瓷坯体经过排蜡和烧成后，直接尺寸和体积都会缩小，所以确定模具尺寸应根据坯体的收缩大小来放尺。

设成型时坯体的长度（即模具的尺寸）为 L_0，烧成后产品的长度（如不需要机械加工，则此值即图纸上要求产品的尺寸）为 L，则产品长度的收缩率 S_0（以成型时坯体长度为基准）为

$$S_0=(L_0-L)/L_0\times 100\%$$

由此式可推出

$$L_0=L/(1-S_0)$$

若已知产品要求的长度 L 和收缩率 S_0，则可求出模具的长度 L_0。

工厂中常用烧成后产品实际长度 L 为基准来计算放尺率 S：

$$S=(L_0-L)/L\times 100\%$$

则

$$L_0=(S+1)L$$

因而可利用放尺率 S 和烧成后产品长度 L 求得模具的长度。

S_0 与 S 的关系式为：

$$S_0=S/(1+S)$$

$$S=S_0/(1-S_0)$$

若一圆片形晶体管陶瓷底座的图纸上标注的直径为 7.5 mm。今采用 95% Al_2O_3 坯料来制造，且已知坯料的收缩率为 14.75%，则模具的内径应为

$$D=7.5/(1-0.1475)=8.8\ (\text{mm})$$

实际上坯体各个方向上的收缩，除与坯料的组成、性质有关外，还受到工艺操作方法的影响。用热压铸法成型时，坯体各方向的收缩基本上是一致的。压制成型时，大件坯体垂直和平行于受压方向上的收缩是有差别的。挤压成型时，直径的收缩>壁厚的收缩>长度的收缩。这些情况在确定模具尺寸时都应加以考虑。

复习思考题

1. 95%氧化铝陶瓷瓷料各原料的配比是多少？
2. 为什么要对瓷料进行陈腐？
3. 原料易产生哪些质量问题？
4. 热压铸成型机的原理和结构组成是什么？
5. 压制时温度对坯体质量有何影响？
6. 为什么要对成型坯体进行冷却？
7. 设一个 95%氧化铝陶瓷的圆柱体产品，直径 10 mm、高 100 mm，经测定其烧成后总收缩为 12%，问制模时其各部分尺寸应为多少？

5 氧化铝陶瓷干压成型加工工艺

【本章学习要点】本章主要介绍了氧化铝陶瓷生产中使用干压成型的生产工艺，如粉料处理、干压成型工艺技术。通过本章的学习，了解干压成型中的原料准备、原料造粒、干压成型以及干压成型模具损伤和压坯缺陷，掌握干压成型的原料造粒、干压设备的使用以及干压模具等实际操作。

干压成型又称模压成型，是最常用的成型方法之一。干压成型是将经过造粒后流动性好、颗粒级别合适的粉料，装入金属模腔内，通过压头施加压力，压头在模腔内位移，传递压力，使模腔内粉体颗粒重排变形而被压实，形成具有一定强度和形状的陶瓷素坯。

干压成型的优点是可直接烧结，生产效率高，人工少，废品率低，生产周期短，生产的制品密度大、强度高，适合大批量工业化生产；缺点是成型产品的形状有较大限制，模具造价高，坯体强度低，坯体内部致密性不一致，组织结构的均匀性相对较差等。在陶瓷生产领域以干压方法制造的产品主要有瓷砖、耐磨瓷衬瓷片、密封环等。

5.1 干粉压制陶瓷的粉料处理

5.1.1 陶瓷原料要求

目前，新化特种陶瓷主要以氧化铝瓷和滑石瓷为主。要生产好的特种陶瓷产品，首要的条件就是选购品质优良的陶瓷原料，原料供应要满足以下要求：

（1）原料的内在质量应能保证适合本企业特种陶瓷生产工艺及产品质量要求。

（2）要选择能较长时期稳定供应原材料的原料基地或供应商。

（3）原材料的供应成本较低，运输方便。

5.1.2 造粒设备

（1）造粒塔、球磨机、搅拌机及附属设备，要尽可能采用不锈钢制造，控制操作一定要方便、精确。生产能力一定要确保满足企业产能要求，并留有余地。

（2）造粒塔加热蒸发燃烧器，最好是采用管道燃气，其价格低廉、清洁、好控制；

也可采用柴油雾化燃烧，其价格较高，操作比较繁杂，不推荐采用。电加热虽然控制简单，但成本很高，产能较低，不适合大规模生产。

（3）整条造粒系统应满足环境保护要求，粉尘收集效率要高，废水应设置沉淀池，球磨机要有隔音装置，生产现场噪声应<80 分贝。

5.1.3　造粒工艺要求

（1）加入球磨机粉料粒度要求：滑石料应小于 150 目，煅烧氧化铝粉应小于 200 目，经 24 h 球磨，浆料便可磨细至小于 0.03 mm 的浆料。

（2）球磨机加料配比：粉料、水、磨球质量之比=1∶0.7 ~ 0.8∶1 同时还应加入适量助磨剂，提高球磨效果。

（3）球磨时间为 24 h，当球磨到 20 h，球磨机应停机开盖，加入液态黏合剂和粉态脱模剂，封盖再球磨 4 h 即可放料。其中黏合剂大多采用聚乙烯醇，其黏合度选用 1 500 ~ 1 700 度片状和粒状料。聚乙烯醇固态料，不可直接加入球磨机球磨。应按 1 kg 聚乙烯醇干料加 9 kg 水的比例，在油浴炉中煮成胶状液体，再加入球磨机。聚乙烯醇固态加入量为球磨粉料重量的 0.5% ~ 0.8%，可根据坯体强度进行适量调整。可加入脱模剂，一般用硬脂酸锌或硬脂酸镁，加入量为球磨粉料重量的 0.3% ~ 0.5%，要根据压坯脱模状况予以调整，原则上只要坯体好脱模就尽量少用点，用多了会影响陶瓷性能。

（4）球磨好的浆料，放入搅拌池时，要先经过强磁场溜槽除铁杂质处理，再经 80 目振动筛过筛后，流入搅拌池，搅拌池要不停地搅拌，防止泥浆沉淀。浆料浓度是决定造粒成本和造粒粉质量的关键因素，浆料浓度过高，喷雾难度大增，很难稳定生产流程，造粒粉颗粒太粗，对压坯工艺会有影响；浆料浓度过低，虽然喷雾生产容易稳定，但会大幅度增加燃料成本，造粒粉颗粒度太细，微粉增加，粉料松装密度会减少，对压坯工艺影响很大。浆料的含水量应控制在 45% ~ 48%为宜。如果浆料浓度过高，可以用冲洗球磨机的水进行稀释。

（5）泥浆泵喷雾压力应调整在 2 ~ 3 MPa 范围内，泥浆浓度低取低值，泥浆浓度高取值可大点。喷雾枪喷片孔取值在直径 1 ~ 2 mm，喷片孔壁应抛光使用，喷片孔的大小直接影响到造粒粉产量和造粒粉颗粒的粗细，应合理选配。

（6）喷雾塔进料前，应充分预热，进风口温度应调至 550 °C 左右，正常造粒运行时，进风口温度应稳定在 500 °C 左右，温度过高，粉料会产生烧焦，将严重影响压坯的可塑性和坯体强度，温度过低，造粒粉水分含量增加，也会影响压坯工艺，黏膜的可能性增大，坯体收缩率不稳定。

喷雾塔出口温度应调节在 110 ~ 120 °C，过高的出口温度，浪费能源，过低的出口温度，造粒粉水分含量会增加。

（7）喷雾塔出料口应设分级振动筛，筛出直径大于 0.8 mm 的颗粒料和直径小于 0.05 mm 的微粉，另做处理。

经振动筛分级出的造粒粉应进行颗粒配混，其理想比例为：直径 0.05 ~ 0.3 mm 粉料占比 49%，直径 0.4 ~ 0.6 mm 粉料占比 30%，直径 0.7 ~ 0.8 mm 粉料占比 20%，直径小于 0.04 mm 的微粉含量应在 1%以下。造粒粉中微粉含量过多，在压坯时会大大增加卡模、粘膜的概率，将严重影响压坯工作运行。

（8）每批次生产的造粒粉水分含量是不可能完全一致的，造粒粉水分含量应控制在 3%左右。松装堆积密度也不可能完全一致的，那么多批次的造粒粉，应进行封闭仓储 2 ~ 3 d，叫作时效处理，然后按当天压坯用料量混料，使粉料的水分含量，松装堆积密度基本一致，这样能使压坯加料稳定性达到完美，大大提高陶瓷产品的尺寸精度和一致性。

（9）造粒粉料在进入压坯工段前，还应加入润滑剂混料，润滑剂加入量要根据压坯瓷质种类和水分含量而定，水分含量高的粉料可少加一点，滑石瓷粉料可少加一点，滑石造粒粉中润滑剂其加入量一般为 0.8% ~ 1.5%，氧化铝造粒粉中加入量一般为 1% ~ 2%。当压制大型坯体、形状复杂坯体、长径比大的坯体时，可适当增加润滑剂使用量，增加坯体的可塑性、强度，减少脱模力，减少压坯机压力，实践证明是可行的。

（10）每次造粒生产结束，喷枪、管道、搅拌池、喷雾泵、溜槽、振动筛以及工作场地等一定要及时冲洗干净，喷雾塔筒体内部应定期用木槌敲打，清理残渣。

5.2　陶瓷干压成型工艺

陶瓷干粉压制成型，也叫模压成型。它是将粉末状物料置于钢模中，在坯机上自动成型。坯体压制成型特点是坯体强度大，变形小，坯体尺寸一致性好。由于坯体水分含量低，可直接进窑炉中烧结。干粉模压陶瓷可实现自动化大批量生产。干粉模压瓷坯坯体，高可达 0.3 ~ 60 mm，坯体直径可达 5 ~ 500 mm。

5.2.1　干压陶瓷成型原理

干压坯体可以看作是液相（黏合剂）、空气、粉料组成的三相结合体。如果粉料的颗粒级别配置恰当，粉料的堆积密度较高，那么模框装料后，其中空气含量会大大减少，在模压过程中，随着压机压力加大，模具、粉料都相互运动，逐渐排出空气，粉料颗粒在模框中相互移动挤裂，相互贴紧，在黏合剂作用下，最终得到致密度较高的陶瓷坯体。

5.2.2　压坯压力加压方式和压力分布

在干压成型中，有单向加压和双向加压两种方式，加压方式不同，压力在模框中的分布和粉料压模框中的移动状况是不同的，最终导致坯体各部位密度也不同，这就是坯体在烧成后，陶瓷产生变形，尺寸收缩不一致，而形成废品的主要原因。

单向加压时，压力只通过压坯机向模框内施加，此时有两种单向受力方式：一种是上压颈入模框后随模推一齐向下运行施压，这就是我们通常说的反向压制，其结果是坯体密度下面大、上面小。另一种是上压颈入模框后，模框不动，上压头直接往下压，其结果是坯体密度上面大、下面小。单向施压，只适合压长径比小于 0.45 的模具。

图 5-1 和图 5-2 分别为矮模和高模在两种不同工况下单向压制时的坯体密度分布图。其中 L/D 指长径比，矮模 L/D=0.45，高模 L/D=1.75。

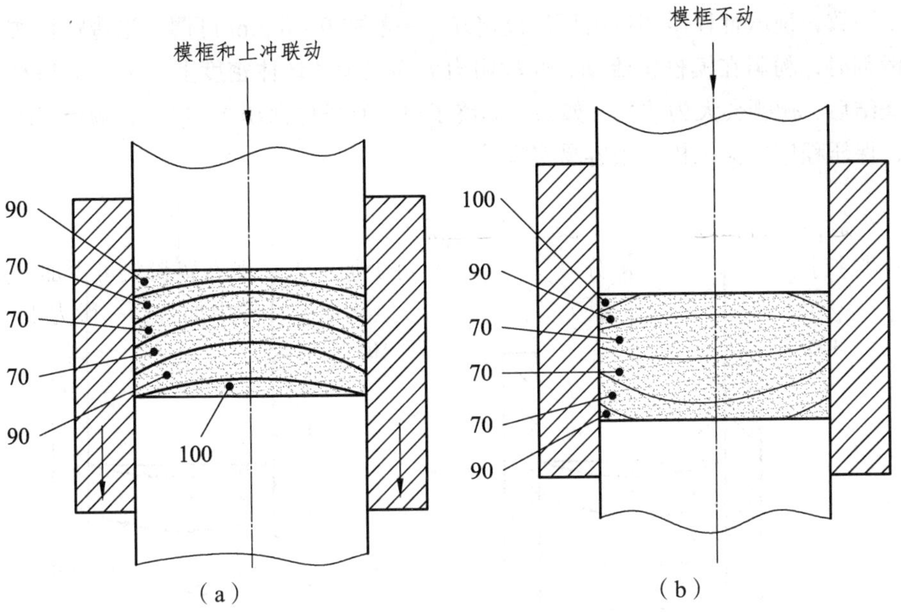

图 5-1　单向压坯体密度分布图（矮模 L/D=0.45）

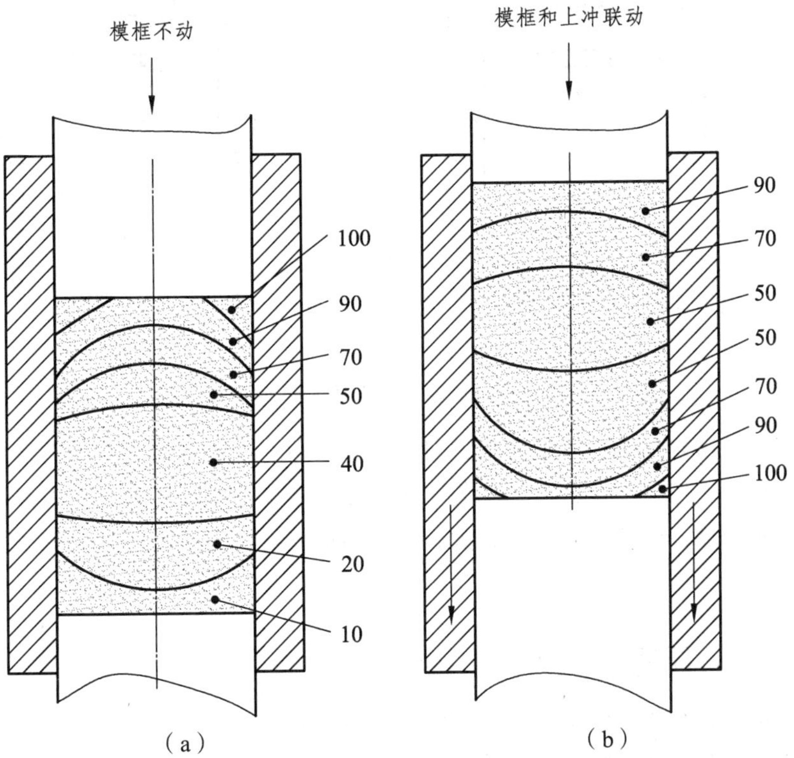

图 5-2　单向压坯体密度分布图（高模 L/D=1.75）

双向加压（如图 5-3 所示）与单向加压相比，在下拉式压坯机上只是当上冲和模框同步下压至终了时，模框不动，上冲再在压坯顶部加压一次，称为加顶压，使坯体密度上下基本一致，顶压行程压坯机出厂已设定好，一般在 0 ~ 6 mm 可调。当造粒粉加入一定量润滑剂时，粉料在模框中流动，摩擦阻力大为减少，坯体密度上、中、下基本一致，坯体烧结后，捆腰会大为改善。如果压制终了时，有条件保压 1 s 以上，陶瓷产品捆腰会更小，保压程序在油压机上很容易实现。

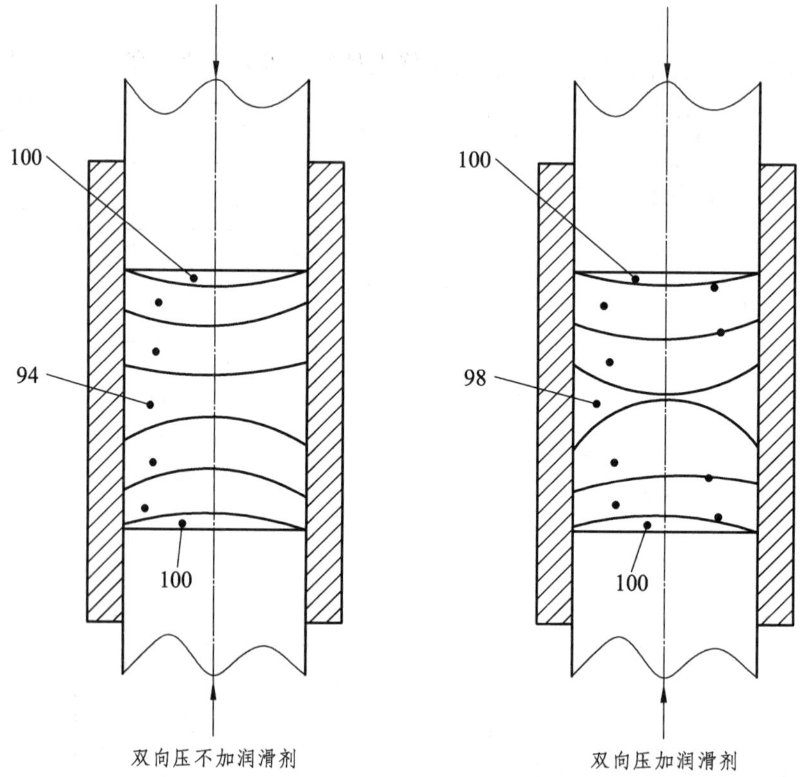

（a）　　（b）

图 5-3　双向压坯体密度分布图（高模 L/D=1.75）

实践证明，压制坯体的成型速度，对坯体上、中、下密度均匀性也有极大的影响。成型速度越慢，坯体各部位密度越均匀。所以在压制尺寸精度要求高、内部组织要求一致性好的陶瓷产品，以及压制尺寸较大、坯体结构较复杂的产品时，一定要放慢压坯成型速度。

5.2.3　干粉压坯机选型

随着特种陶瓷和粉末冶金技术的发展，已经研究、生产出了大批先进的干粉压坯成型机，压机出力吨位从几吨到上百吨，从半自动运行发展到全自动运行。但其压力传动方式无非有两种：机械传动和液压传动，两种传动方式的压坯机在特种陶瓷行业和粉末冶金行业都大量使用，其使用特性各有优劣。

1. 机械传动压机

机械传动自动压机，其优点是压坯尺寸精度高，生产效率高，加料行程、脱模行程、顶压行程可在运行中动态调节，操作极为方便，工作频率采用变频控制，加工气动离合器使机器的运行速度，开、停机操控非常灵活，在安装模具、调试模具时能称心如意，是目前干粉压制采用最多的机型。其缺点是机构复杂，制造难度大，零部件精度很高，必然导致造价较高，维修也较困难，对维修人员的技术素质要求高。机械式压坏机每种机型的压力吨位，压制行程和最大压力高度都是固定的。所以可供选择的机型并不多，其规格大概就以下几种：8 t、16 t、25 t、40 t、60 t、80 t、100 t。

2. 液压传动压机

液压传动压机结构较简单，其中大部分零部件都是由标准化精密液压件组装完成，所以制造成本较低，维修简便得多，一般情况下买标准液压件更换就行。所以与吨位机器相比较，液压压坯机价格要低很多。液压压坯机的最大优点是压坯成型速度随意可调，并可实现压坯过程中多点保压，这一优点对压制坯体密度要求一致的陶瓷产品是极为有利的，也特别适合压制长径比较大、体积较大的产品。如果液压机配上智能控制系统，液压压坯机会如虎添翼，与机械式压机相比使用性能毫不逊色。

液压压坯机也有缺点：① 压制的坯体高度尺寸精度不高，烧结后产品大多数须经磨削加工来保证其尺寸精度；② 工作频率不高，一般每分钟工作频在十次以下；③ 液压压坯机目前市场上尚无理想的定型机型，原因是液压设备制造厂商对干粉压制陶瓷工艺了解不够，造出的压机很难满足用户的要求。

液压成型机压制力可以小到几吨，大到上千吨，造多大机器都没有太大的难度。

3. 压机压坯力选择

压机压力大小应根据坯体受压面积大小而定，压滑石瓷坯，单位面积受压强度定格在 120 MPa 即可，压氧化铝陶瓷坯，单位面积受压强度定格在 240 MPa 即可。压坯时压强过大，模具极易磨损和压裂，会大大缩短模具使用寿命。大吨位压机压小坯既浪费能源又增加压机使用成本，一不小心还容易压碎模具，而用小吨位压机压超压力坯件是绝对不容许的。否则，轻则死机，重则毁机。

5.2.4 压坯机运行和保养

1. 操作工人培训

压机操作工人，上岗前一定要进行技能培训和安全操作培训，培训合格才能上岗。

（1）技能培训

① 重点讲授机器如何操作，操作机器有哪些特定的程序和规章制度。

② 压机压坯全过程，怎么送料，怎么压坯，怎么脱坯及其调节方法。

③ 坯体如何检测尺寸，如何称重，如何调整压坯高度，如何调整压坯重量。

④ 如何观察坯体缺损和裂纹，特别是要注意坯体粘膜和崩缺，要学会停机及时处理。

（2）安全培训

① 重点讲授工作环境安全意识和压机生产过程安全意识，压机工作时绝不容许伸手处理有关问题。

② 要约法三章。如何遵守企业的规章制度及奖惩办法。

③ 要知道出了安全事故，如何应急处理。

2. 运行和保养制度

设备应有明确的运行制度和保养制度。

（1）压机开机前，应按设备要求向相关注点加注润滑油。

（2）空车启动压机 10 min，观察压机运转状况，有问题要及时处理 。

（3）检查工具、量具是否配备到位，粉料是否运送到位。

（4）检查压机安全装置是否有效，这一点应高度注意，压机伤人事件时有发生。

5.2.5 干压陶瓷生产过程控制

（1）压坯生产线上要配备技术素质高的设备维修及模具装配工，加强压坯工段巡视，发现问题要能及时处理。

（2）任何新上机的模具，都应在同型号试验压坯机上装模试压坯体，经烧结后，检验产品尺寸是否合格。若产品合格，将其压坯参数，如坯重、坯高、模框深度、上冲入模深度、脱模行程、顶压行程、坯体烧失率、收缩率等参数详细记录在案，压坯工段方可装模生产。

（3）干粉压坯生产过程中，粘模、卡模、加料重量不稳定，坯体开裂等问题，生产过程中时有发生。

压坯过程中可能出现这些问题：

① 粘模：是指压坯过程中，上、下模冲工作面上粘有粉料，造成坯体上下面有凹点，表面不光滑而报废。粘模严重时还会造成坯体脱模困难，压坯进行不下去，并且极易造成坯体重叉叠压制而损坏模具和压机。

粘模产生的原因：

a. 上、下模冲工作面粗糙，光洁度小于▽12（$R0.2$）。

b. 造粒粉微粉过多。

c. 造粒粉含水量超标大于 3.5%。

d. 造粒粉中脱模剂加入量太少。

e. 润滑剂品种选择不当。

微量粘模在所难免，可以用竹签，停机定期清除。

② 坯体开裂：是指压坯脱模后，坯体呈现裂纹，特别是发生在坯体拐角处居多，有些裂纹肉眼可见，有些裂纹要在烧成后吸红才能发现，对特种陶瓷来说，产品存在裂纹是绝对不可以的。

压制坯体开裂原因很多，主要有以下几点：

a. 造粒粉含水量太少，后期混料加入润滑剂也太少，水和润滑剂总量达不到 4%～5%，造成压坯时粉料可塑性太差，压坯时容易产生裂纹。

b. 造粒塔温度过高，造粒粉被烧焦而失去了黏性，引发坯体开裂。

c. 模框磨损严重，或模框硬度不高受坯体高压力挤压变形，脱模过程中挤压出裂纹。

d. 因压机压制凸轮和脱模凸轮磨损，在上冲压制终于上升的瞬间，压制台阶的下冲会产生回弹，将坯体从台阶处顶裂。

e. 因模具模架设计不合理，动作不协调，或模架模具安装上压机运行时，相互别扭，压坯时坯体也会产生裂纹，这个问题将在之后举例分析。

③ 加料重量不稳定：是指压制的坯体重量时轻时重。分析其原因主要有以下几点：

a. 造粒粉流动性不好，主要原因是粉料含水量过高，或者粉料放置时间过长而受潮。

b. 模框与下冲，下冲与模芯之间，因进入微粉，回位阻力过大造成模具回位不良，是加料不稳定的主要原因，其次是模架装配不良，压坯运行中有卡顿现象。

c. 送料盒、送料板相互接触不良，运行时出现抖动现象，会造成送料不良。

④ 卡模：是指模框和下模冲，模芯和下模冲脱模后不回位或回位不顺溜，使压坯无法运行。造成卡模的原因很多，主要有以下几种。

a. 造粒粉中微粉太多，容易进入模具运动的缝隙中，特别是当模具配合间隙过小，配合运动部位表面光洁度又太差，低于▽10 更容易卡模。

b. 模具与模架装配精度不高，模具运动中心与模架运动中心不在同一中心线上，工作时互相别扭，致使模具、模架复位不良，而造成卡模。

c. 下模冲在模框中导向工作面太长，模芯与下模冲孔导向工作面太长，使运行阻力过大，极易引发卡模，这些导向工作面轴向长度一般只留 10～15 mm，其余部位应避空处理。

（4）在干粉压制陶瓷坯体的过程中，产生坏体废品的原因是多方面的，与操作工人技术素质、造粒粉质量好坏、压坯机运行精度、模具设计与制造精度等都有关系。而压坯又是自动化生产，所以一不留意，就会生产出成批量的废品坯体，废品坯体流入后续工序，将会给产品质量带来极大的麻烦。所以干压陶瓷生产，应把控制不出或少出坯体废品放在保质量的第一位。为了达到这一目的，压坯工段应设置多名巡视和品质监督员，负责对压坯生产全过程实行监管，出现问题应及时处理。

（5）我国工业生产正向自动化，智能化前进，特种陶瓷行业生产也不能固守成规，要千方百计提高企业的生产技术水平。建议在压坯生产流水线上安装坯体自动检测系统和智能排版装坯系统。检测系统只需对坯体重量称重检查，只要把坯体重量误差控制在

±1%的范围内，陶瓷产品尺寸精度完全可以合格，至于坯体外观残缺，通过安装高清拍照系统多点拍照，残缺坯体是完全可以检除的。

5.3 干压陶瓷模具设计与制造

干压陶瓷坯体是靠模具成型，所以模具设计的合理性及模具的制造精度，就成了能否压出好的陶瓷坯体，符合干压生产工艺要求的关键因素之一。

5.3.1 干压陶瓷的模具设计

1. 干压陶瓷产品尺寸与压坯模具尺寸换算

干压陶瓷坯体经高温烧结成瓷后，体积会发生收缩变小，收缩变小的比例数据就叫收缩率。收缩率是设计模具尺寸的依据。干压陶瓷的收缩率又有径向收缩率和轴向收缩率之分。

（1）径向收缩率的取值，应充分考虑压坯粉料的可压缩性、压坯坯体强度、模具的使用寿命、压坯机的工作能力大小选取。

当收缩率取大值时，压坯机压力可大幅度降低，模具寿命会大幅度提高，但坯体强度会有所降低。当收缩率取小值时，其效果与上面说的恰好相反。

所以收缩率的取值一定要在合理的范围选取。比如压滑石质瓷，因其可塑较好。模具设计径向尺寸收缩率可在 1∶（1.13 ~ 1.15）选取；而干压氧化铝瓷，因其可塑性较差，模具设计径向尺寸收缩率可在 1∶（1.14 ~ 1.18）选择。

原则上，压尺寸精密的小件坯体，取小值；压坯体尺寸较大的零件，尺寸公差范围较大、要求不太高的坯件时可以取大值。

（2）轴向收缩率，一般情况下只与坯体的压缩比有关，压缩比大坯体轴向收缩率变小，压缩比小坯体轴向收缩率大。为了确定模框的高度尺寸，设定坯体高度与模框中加粉料高度的比值差 1∶2.5，也就是常说的压缩比为 2.5，这样就可定出模框高度尺寸应为加料高度+12 mm。比如压制的坯高要 10 mm，那么加料高度应为 25 mm，那么模框高度应为 25+12=37（mm）。模框高度定了，那么上下冲模高度尺寸也就基本定局。

坯体压缩比在压坯时，是可调整的。当坯体烧成瓷后，陶瓷直径偏大，就要降低压缩比（减少加粉料）；当陶瓷直径偏小时应增加压缩比（增加粉料）。

一般情况下，干压坯体烧结成瓷后，陶瓷的轴向收缩率会略大于径向收缩率。轴向收缩率通常在 1∶（1.15 ~ 1.18）。

2. 干压陶瓷坯体基本形状分类及在模具设计时与模架的关联

（1）适合压制陶瓷坯体的形状分类及压坯成形所需设计的模冲数量如表 5-1 所示。

表 5-1　模冲分类及形状

分类	可动模冲数		基本形状
	上冲	下冲	
一	1	1	
二	1	2	
三	2	3	
四	1	3	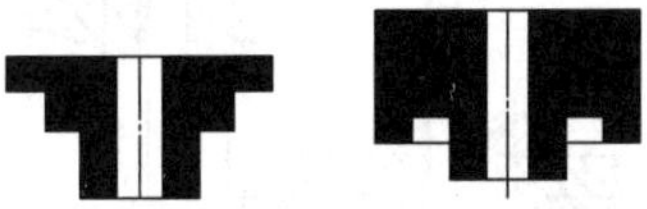
五	2	3	

（2）不同形状的陶瓷压坯，必须有相适应的模架结构。一般情况下，企业需要的模架向压机供应厂商订购，也可根据产品压坯模具结构的实际需要，自行设计制造架。表5-2 展示了两类形状的陶瓷压坯模具与模架设计原理。

表 5-2　陶瓷压坯模具与模架设计原理

模架结构	上一下一	模架结构	上二下二
产品类型	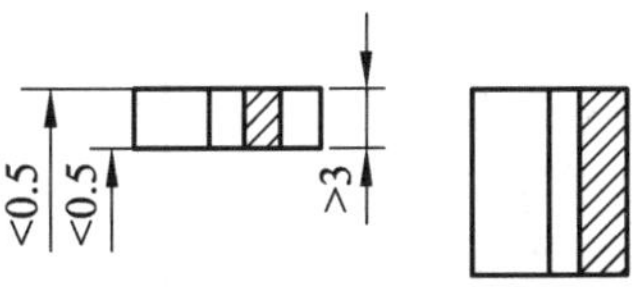	产品类型	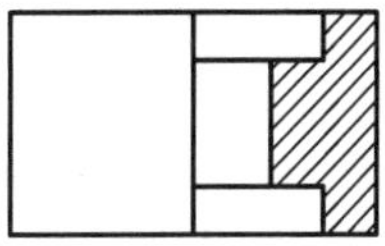

续表

模架结构	上一下一	模架结构	上二下二
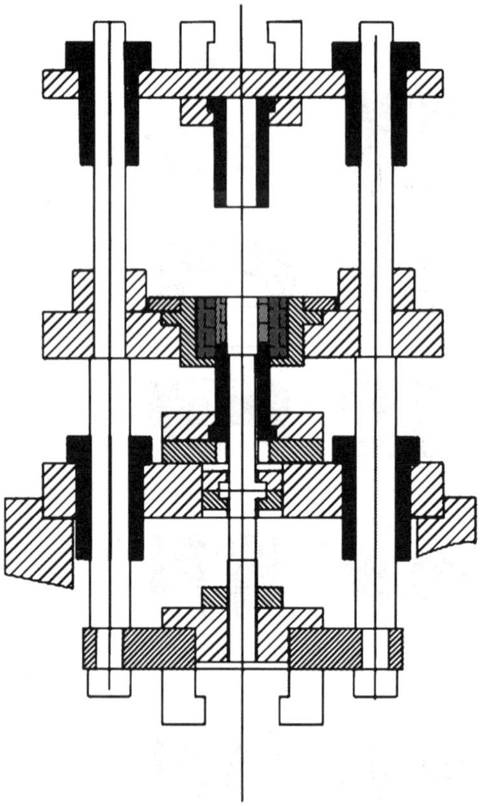		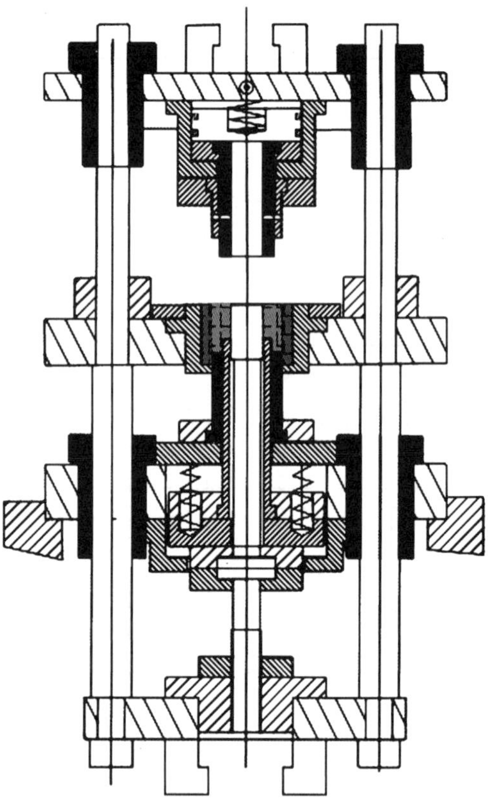	

3. 模具设计时应注意的细节

压坯时为满足填料流动，模具设计时应特别注意如图 5-4 所示细节：最小加料间歇应不小于 1 mm，最小圆角半径应大于 0.3 mm。

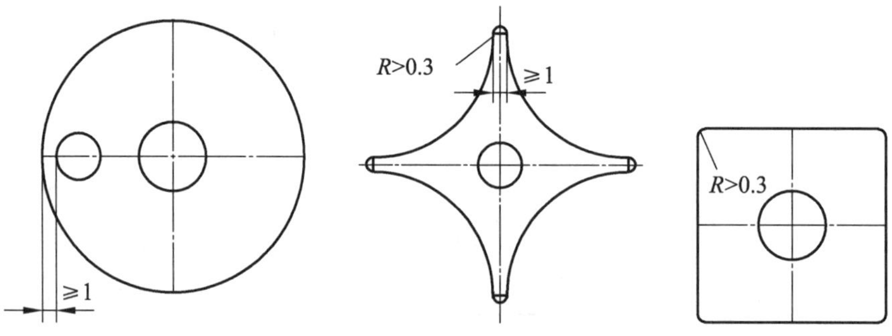

（a）　（b）　（c）

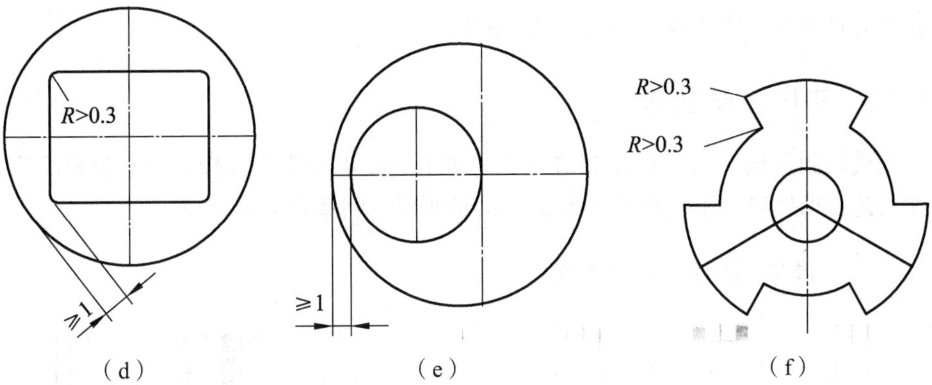

图 5-4　模具设计时注意的细节图

4. 模具上下冲设计应注意的细节

为了避免模具上、下冲边锋崩缺和坯体上、下面崩缺，模具上下冲设计应按图 5-5、图 5-6 处理。其中图 5-5 要求：凸模工作面倒角 0.5 mm，倒圆角 0.5 mm，周边应留 0.1 ~ 0.15 mm 平面，上、下冲最小距离 1 mm。

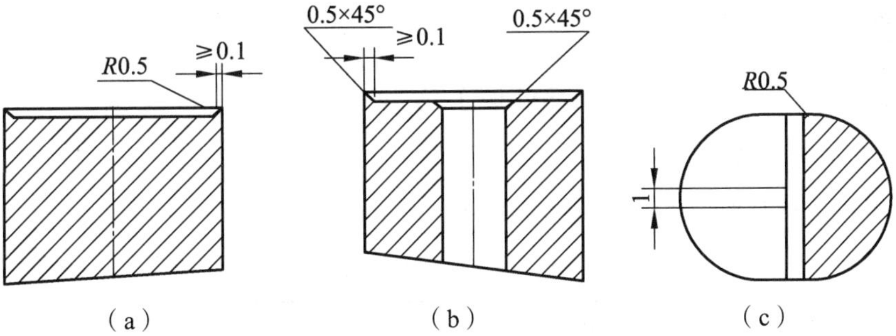

图 5-5　模具上下冲设计时注意的细节图 1

如图 5-6 所示，凸凹平面、凹槽、螺钉沉孔等可做在上、下冲工作面上。

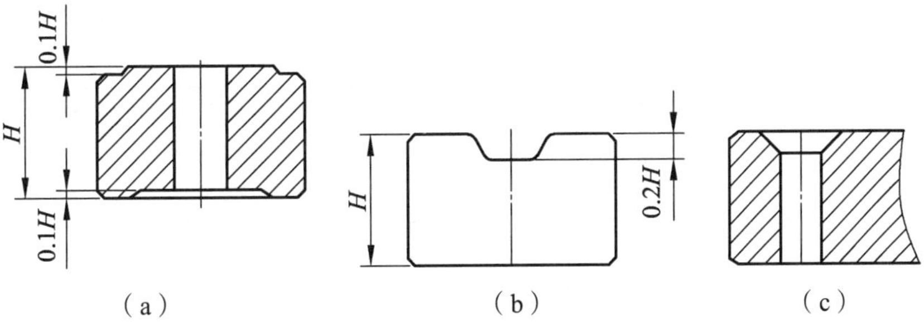

图 5-6　模具上下冲设计时注意的细节图 2

总之，设计干压模具时，一定要根据压机的压制行程、脱模行程、顶压行程、最大封闭高度等参数来设计模具和模架，同时还要参照本企业粉料的压制性能和工作经验，选取合理的收缩比，才能设计出完美适用的模具。

5.3.2 干压模具制造

干压模具制造属于精密机械制造行业。对工人技术素质要求较高，对材料品质及其热处理工艺要求较高。干压模具一般都交给专业模具制造企业来完成。

5.3.2.1 模具制造的基本要求

（1）模具应有较长的工作寿命，模具中的硬质合金零件使用寿命，应在 50 万次以上，合金钢模具使用寿命应在 5 万 ~ 10 万次。

（2）无论硬质合金模具还是合金钢模具，其配合尺寸精度要求，表面光洁度要求都是一样高要求。模框与模冲，模冲与模芯的单边间隙应在 0.01 ~ 0.05 mm。坯体直径小于 20 mm，配合间隙取 0.015 ~ 0.02 mm，坯体直径小于 40 mm，单边配合间隙取 0.02 ~ 0.035 mm。至于光洁度要求，无论模具尺寸大小，模框成形面光洁度应在▽10 以上，模冲、模芯导向工作面光洁度应在▽10 以上，而模冲成形面光洁度应在▽12 以上。

（3）模具要求高硬度，高强度、高耐磨性，这些要求只能靠选用优质模具材料和合理的热处理工艺来保证。

5.3.2.2 模具材料的选择和热处理工艺

1. 模具材料的选用

常规模具选材及性能要求如表 5-3 所示。

表 5-3 模具选材及性能要求

零件名称	性能要求	材料名称
模框	高硬度、耐磨	1. 硬质合金：YG15、YG18 2. 钢结构硬质合金 CT35
模芯	高硬度、耐磨	1. 硬质合金：YG15、YG18 2. 钢结构硬质合金 CT35
模冲	耐冲击、耐磨硬度 HRC62 ~ 65	1. 合金大具钢 CR12MoV、G15 2. 钢结构硬质合金 CT35
模架导柱	不变形高强度、耐磨硬度 HRC50 ~ 55	合金工具钢 GR12、GR12MoV
模架板	强度高不变形硬度 HRC35	合金结构 40Gr
模芯调杆	强充高不变形硬度 HRC35	合金结构 40Gr
模冲垫板	强度高不变形硬度 HRC38 ~ 40	合金结构 40Gr

2. 模具材料的热处理

模具使用前一般需要进行热处理，常规热处理工艺如表 5-4 所示。

表 5-4 模具热处理工艺参数表

材料	热处理工艺
硬质合金	无需任何热处理
钢结构硬质合金 CT35	1. 退火工艺：870 °C 左右，保温 4 h，以 20 °C/h 降温到 720 °C，随炉冷却，硬度小于 HRC38 2. 淬火工艺：加热到 980 °C 保温 2 min，油淬 200 °C 回火 30 min，硬度 HRC60 ~ 72
合金工具钢	1. 退火工艺：860 °C 保温 3 h 后随炉冷却，硬度小于 HRC38 2. 淬火工艺：加热到 860 °C，油淬 150 °C 回火 30 min，硬度 HRC60 ~ 63
轴承钢 Gr15	1. 退火工艺：800 °C 保温 3 h，以 30 °C/h 冷却至 550 °C，随炉冷却硬度小于 HRC35 2. 淬火工艺：加热到 850 °C，油淬 2000 °C 回火 30 min，硬度 HRC60 ~ 64
合金结构钢 40Gr	1. 退火工艺：加热至 830 °C，随炉冷却，硬度小于 HRC30 2. 淬火工艺：850 °C，油淬 450 °C 回火，保温 4 h，硬度 HRC30 ~ 35

5.3.2.3 模具主要零件加工

1. 模具加工工艺流程

下料→机械初加工→热处理→磨加工→退磁→电火花打穿线孔→线切割→电脉冲刻蚀→研磨抛光。

2. 机械加工

经退火处理的钢坯，有些不需上线切机切割的零件，可经车床加工，铣加工，钻孔攻丝等机械设备加工成半成品，需要精磨加工的零件部位，要按要求留足磨量待热处后，再精磨至设计尺寸。

如以下典型零件粗加工时，留余量如图 5-7 所示。

有些经煅打退火处理的钢坯，需经磨床加工两平面再淬火，回火处硬度达到 HRC60 ~ 65，再经平磨精磨加工后，转入线切割加工。

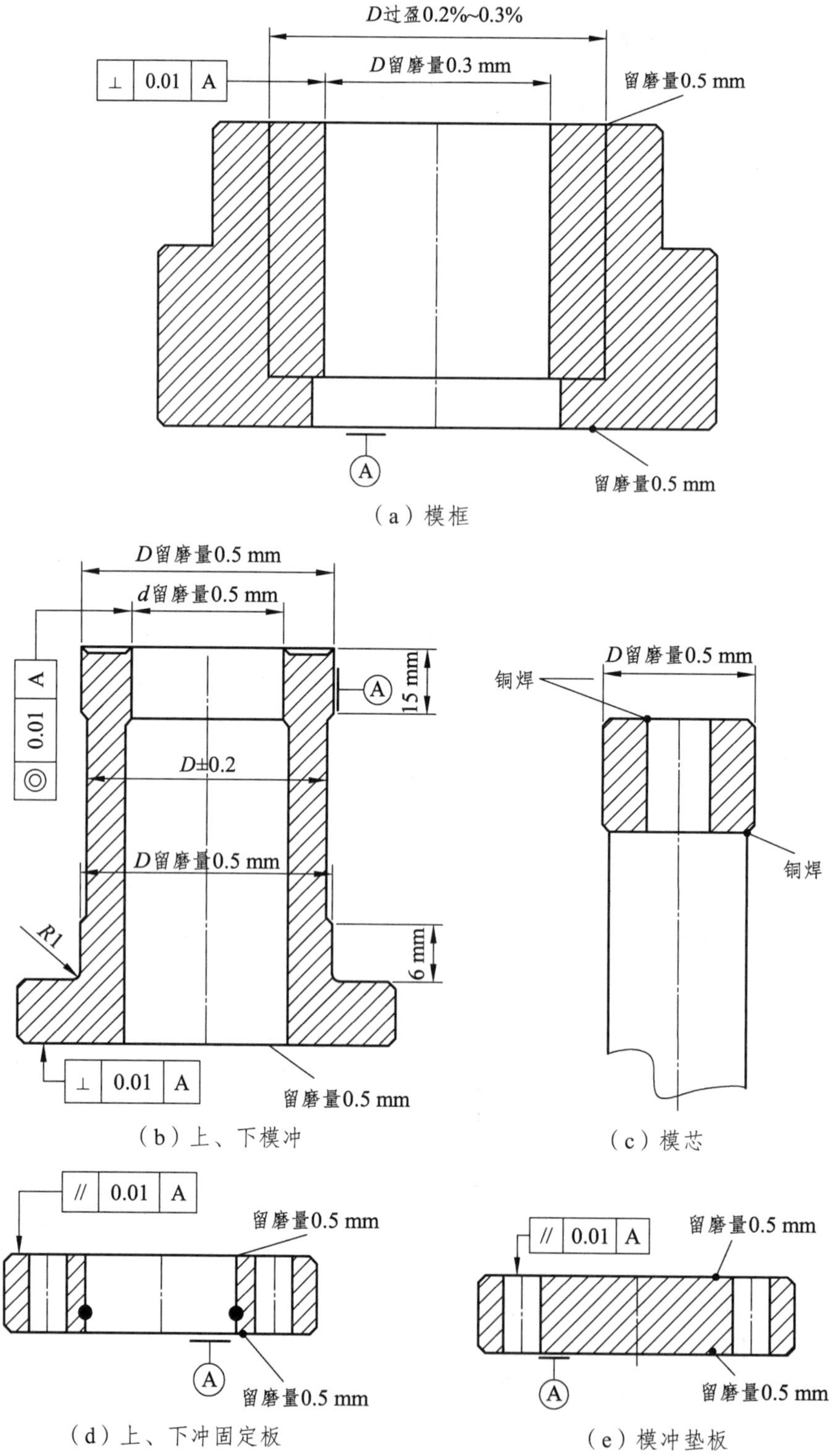

图 5-7　典型零件粗加工时的留余量示意图

3. 数控线切割加工

数控线切割机有三类型号的机器，按切割速度分，有普通线切割机、中走丝线切割机、慢走丝线切割机。切割尺寸精度最高、表面光洁度最好的机器是慢走丝切割机。

数控线切割机主要用于切割高硬度、高精度、形状复杂的模具零售件，如硬质合金模框、硬质合金模芯长异形模冲及固定板、垫板等模具零件。

数控线切割机可加工任何轴向轮廓线平行的异形工件，加工工件高度可达 150 mm。加工后尺寸精度和光洁度，普通线切割机尺寸精度可达±0.01 mm，光洁度可高于▽6；中走丝线切割机尺寸精度可达±0.005 mm，光洁度可高于▽7；慢走丝线切割机尺寸精度可小于±0.005 mm，光洁度可高于▽8。

线切割机工作时，要有切割丝和工作间有火花放电间隙，普通线切割机单边放电火花间隙为 0.015 mm，慢走丝切割工件还应留有研磨抛光余量，粗切割工作应留余量 0.015 ~ 0.02mm，精切割工作应留余量 0.01 ~ 0.015 mm。线切割机加工工件时，一定要把切割丝直径、火花间隙、研磨余量等因素都考虑到，加工出的模具零件才能保证装配精度。

4. 电火花刻蚀加工

电火花刻蚀加工主要用于上、下模冲受压成形工作面形状加工，比如刻蚀倒角，圆角，凸、凹台阶等，还可于上、下模冲内外导向部刻蚀避空位。

电火花刻蚀加工一定要设计制造相应的放电电极，放电电极的几何形状和尺寸，应根据模具形状和尺寸来做，如果在模具冲压形面上刻蚀沉孔，放电电极外径尺寸应比沉孔外径小 0.04 ~ 0.05 mm，而电极内径尺寸应大 0.04 ~ 0.05 mm，如图 5-8 所示。

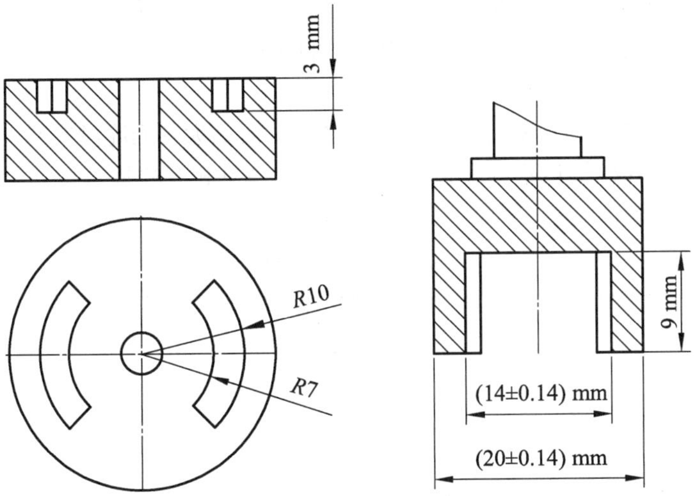

（a）模具　　（b）电极

图 5-8　模具和电极

电极工作高度应为刻蚀深度的 3 倍。

电火花刻蚀加工，工件表面光洁度一般可达到▽6，如果采用精密电火花刻蚀，其光洁度可达到▽10，电极放电面应研磨抛光处理光洁度应高于▽10。

5. 钳工研磨抛光

电火花刻蚀加工的模具表面，一定要经钳工研磨抛光，其光洁度要高于▽10，才能装机使用，否则压坯时会粘模。

研磨抛光余量一般应少于 0.02 mm，精密加工时少于 0.005 mm。

研磨料一般采用 800 ~ 1200 目金刚石研磨膏、油石条、砂纸、金刚石锉刀等工具，进行研磨抛光。手工抛光时用长绒棉粘抛光膏。

当在机床上高速旋转研磨抛光时，磨棒应用软木制造，研磨膏应加煤油调成浆糊状才能使用。

钳工研磨抛光模具零件过程中，一定要边研磨边试装配，使模具达到理想的滑动配合。

5.4 干压模具损伤和压坯缺陷

干粉压制陶瓷坯体，常见的问题有模具损坏，坯体有裂纹、粘模、加料重量不稳定等问题，这些问题大部分已分析说明，本节只针对压坯时产生模具损坏和压坯产生裂纹进行分析。

5.4.1 干压模具损坏原因及改进措施

模具损坏原因归纳起来主要有以下几点：

（1）设计不合理，其中包括陶瓷产品本身设计不合理，不适合干粉压制，也包括模具设计不合理，模具设计时有些在干压中犯忌的问题未处理。

（2）模具制作时，选用模材料不当。

（3）模具制作时热处理不规范，要么硬度不够，要么太硬而脆没有回火，消除内应力。

（4）安装模具和模架达不到配合要求，运行时模具相互碰撞。

模具损坏原因及改进意见总结于表 5-5。

表 5-5 模具损坏原因及改进意见

损坏类型	简单图示	损坏原因	改进意见
模具碎裂	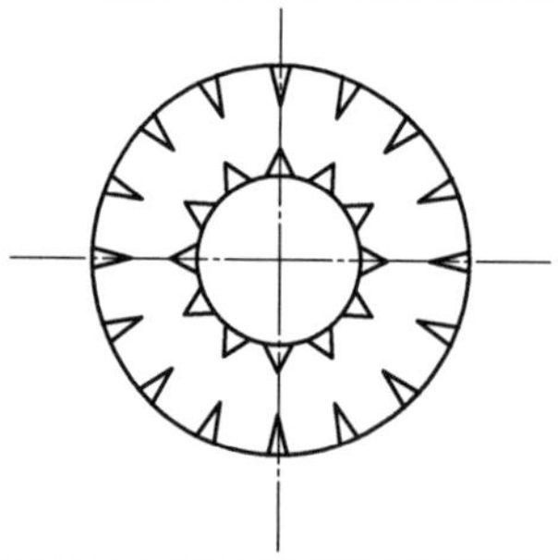	1. 模具淬火温度太高，太脆，内应力太大 2. 坯体压缩比太高，模具承受压力太大，压裂模具	1. 模框加厚外套 2. 规范热处理工艺 3. 压缩比逐渐加大 4. 防止瓷坯两三个重叉叠压

续表

损坏类型	简单图示	损坏原因	改进意见
模具开裂	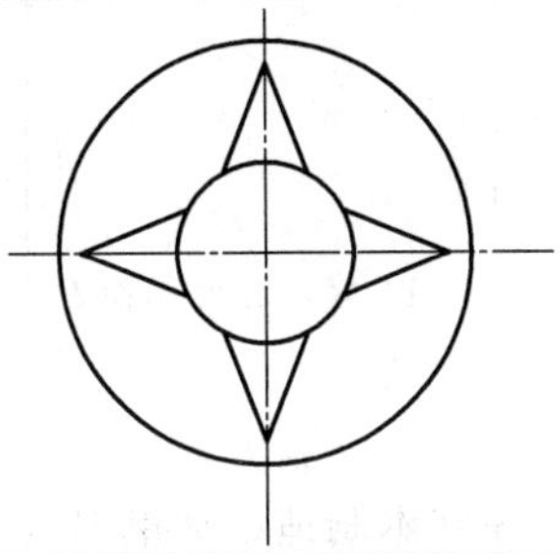	1. 尖角处应力集中 2. 尖角处没有足够强度的壁厚	1. 尖角处应改尖角为圆角，圆角 R>0.5 mm 2. 尖角处壁厚>2 mm
模具拉毛	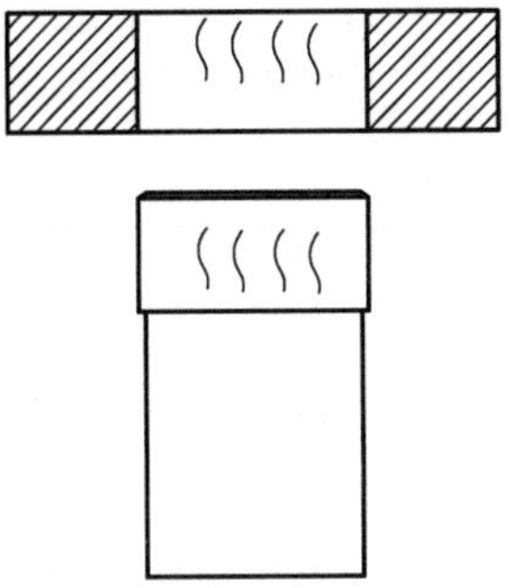	1. 模具硬度低 2. 模具材料选错 3. 模具表面光洁度低 4. 坯体压缩比太高 5. 粉料太干燥或没加润滑剂	1. 尽可能选硬质合金制造 2. 合金钢制模具硬度>HRC62 3. 压缩比控制在 2.5 以下 4. 模具表面光洁度应高于▽10 5. 粉料加润滑剂
模框模芯局部磨损	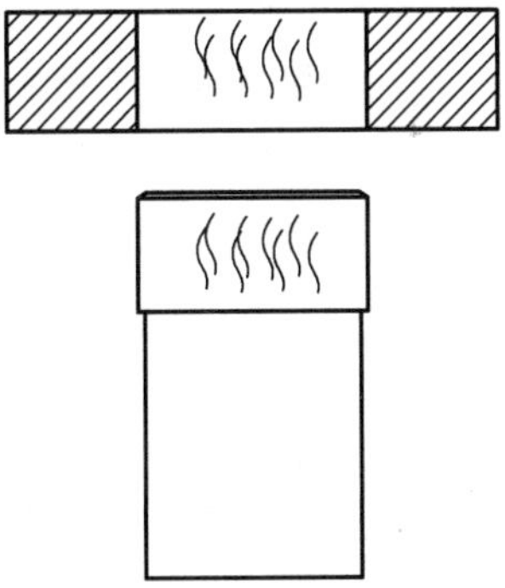	1. 模具硬度低 2. 模具材料选错 3. 压缩比太高 4. 粉料太干	1. 尽可能采用硬质合金作模具 2. 钢制模具淬火硬度应>HRC62 3. 降低压缩比 4. 粉料加润滑剂
模冲台阶断裂	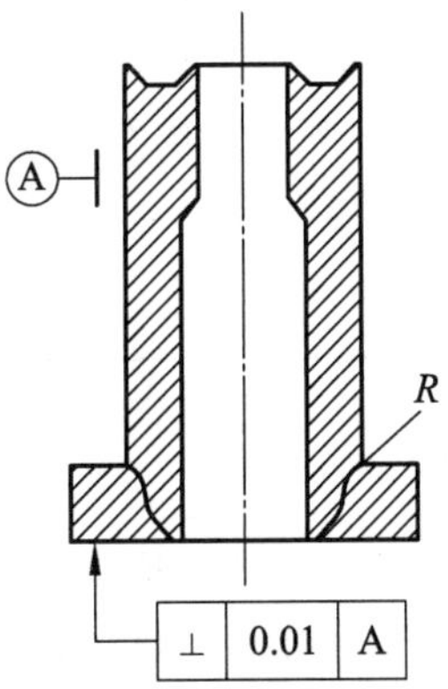	1. R 处无圆角造成应力集中 2. 底面与基准 A 不垂直 3. 模架精度不高	1. R 圆角应大于 R0.5 mm 2. 以基准 A 定位磨底面垂直度 0.01 3. 调整模架板平面相对平行且与中心垂直

续表

损坏类型	简单图示	损坏原因	改进意见
模冲变形	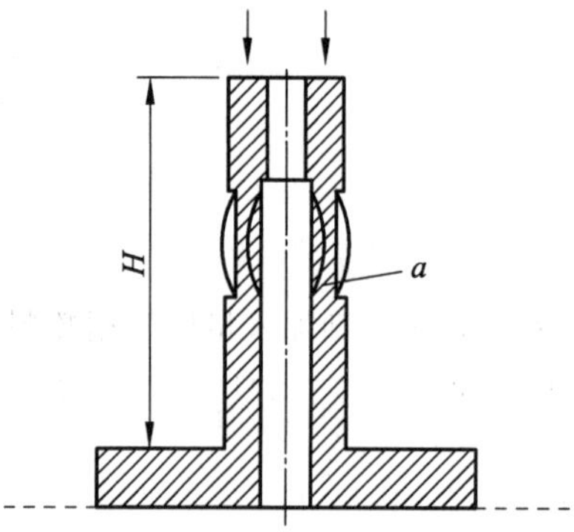	1. 模冲 a 太薄而 H 太长 2. 压模力太大 3. 模冲硬度低	1. 模冲壁厚应大于 1.5 mm 2. 在满足脱模的条件时，H 应尽可能短 3. 模冲硬度应高于 HRC60 4. 压力应小于 1.5 T/cm^2
模框模冲崩缺	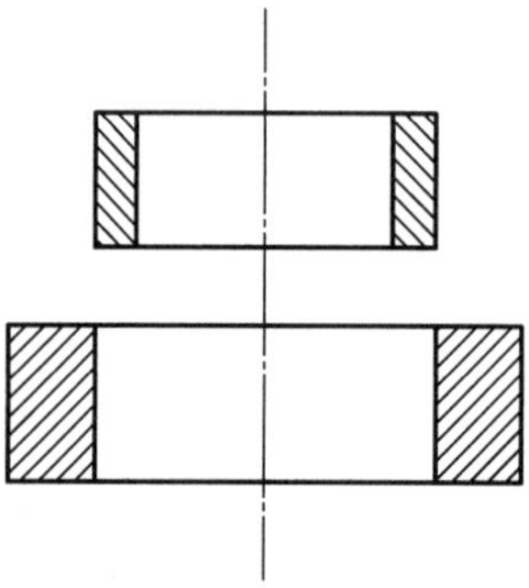	1. 模框与模冲安装时不同心 2. 模架板导向套间隙太大，导向不良 3. 模冲垫板不平行，模冲安装不垂直	1. 安装模框与模冲时，应将模冲套入模框再略紧压板螺丝，将模框退出再轻轻将模框套入模冲无阻力再紧定压板螺丝 2. 检查模架精度
模芯卡死拉断	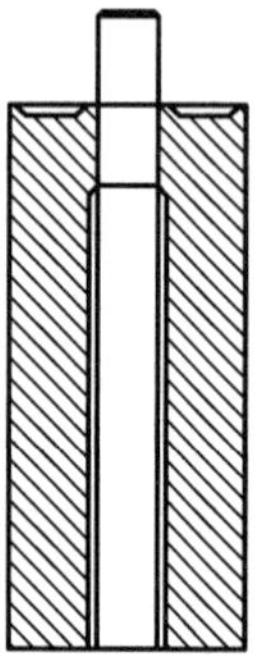	1. 压坯时小直径模芯拉断是因为模芯抗拉强低 2. 模冲孔滑避空导向太长很容易死模芯	1. 模冲内外径要避空，外径导向长度保留 15 mm，内孔导向长度只保留 10 mm 避空量大于 0.1 mm 2. 小模芯宜采用钢结构合金 CT35 制造

5.4.2 压坯裂纹形成原因与解决办法

干粉压制陶瓷坯体，最常见的问题是坯体裂纹。坯体形成裂纹的原因很多，但归纳起来主要受三个方面因素影响：压坯粉料质量、干压成型机运行精度、模具设计及制造精度。下面针对这三大因素的影响，分别予以分析。

1. 压坯粉料质量

压坯粉料质量对压制坯体影响很大。

（1）粉料黏性不好，压坯时极易产生裂纹。粉料黏性不好主要体现在粉料太干燥和粉料造粒时温度过高而烧胶，已烧胶的粉料绝不可以用来压坯。

（2）为了减少坯体裂纹，压坯粉料应尽可能增加粉料的可塑性。粉料的可塑性除受自身原料配方影响外，还有自带因素就是粉料的含水量、润滑剂种类及其加入量。

（3）造粒粉水分含量应控制在 3.5%以下，而润滑剂加入量应根据粉料种类、坯体结构、粉料水分含量来决定，不是一成不变的。通过试压，好压坯，坯体不开裂即可。但水分含量加润滑剂含量不超过粉料重量的 5%为宜。

2. 干压成型机运行精度

干压坯体开裂与压坯机调试和运行有关，压坯终了脱模，一定要做到上模冲先上行卸压再脱模，否则坯体肯定会开裂。当压坯机压定位凸轮产生磨损，与定位块间存在间隙时，上模冲卸压后，下模冲产生回弹而将坯体局部顶裂，使坯体产生裂纹。如图 5-9 所示。

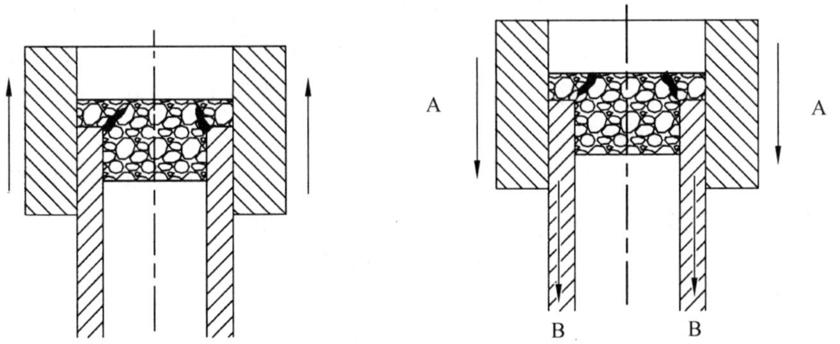

（a）模框向上回弹　　（b）模框 A 向下，模冲 B 也向下

图 5-9　干压坯体开裂情况

所以确保压坯机的运行精度，才能确保压坯正常生产。

3. 模具设计及制造精度

模具设计、制造、安装不合理，会使压坯时，坯体产生裂纹和坯体密度不均匀。

（1）模具设计时，对于有台阶的坯体，一定要满足的条件，其当上模冲封闭模框时，模框内各部位粉料分布，都应满足同一压缩比。各活运模冲为了调节粉料分布高度，设计模冲时，应预留足够的调节量，如图 5-10 所示。

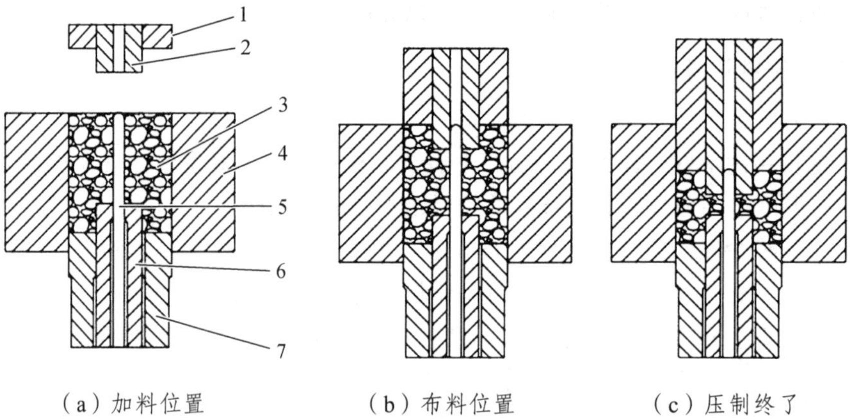

1—上冲一；2—上冲二；3—粉料；4—模框；
5—模芯；6—下冲一；7—下冲二。

图 5-10 干压成型压制过程

压制过程说明：上冲一固定在上压头，上冲二固定在上压头气缸上，通过压缩空气顶出，3 是待压粉料。第一步上压头下压，上冲一、上冲二同步进入模框，下冲一和模芯也同步下行进入布料位置，此时模框内粉料理论上是均匀分布的，也来承受压制力。第二步进入压制阶段，上压头继续下压，对粉料进行压缩，此时模框与上压头同步下行，下冲一和模芯也同步下行，当下冲一下行至定位后，不再下行，而上压头连同上冲一和模框继续下压至压制终了。在这一压制过程中，上冲二克服上气缸压力被压至定位，坯体压制即完成。下一步开始脱大模。

在试压过程中，如果上冲二和下冲没有调节到合适位置，那么压制的坯体中间台阶就会出现密度过大或过小的现象，肯定会在转弯处产生裂纹。

（2）设计模具时，一定要保证上下模冲垫板的抗压强度、硬度和平行度，否则会给压坯生产过程带来意外隐患。

（3）在压坯生产过程中，一定要定期检查模架紧定状态，模芯调节螺丝是否松动，上、下压头与模架联系是否牢固，否则都会影响压坯运行。

复习思考题

1. 干压成型对造粒粉有什么要求？
2. 压坯过程可能存在哪些工艺缺陷，应如何解决？
3. 模具使用前为什么要进行热处理？

6 热压铸成型产品的排蜡

【本章学习要点】通过本章的学习，掌握梭式电炉排蜡的方法，了解其排蜡的温度曲线和常见的缺陷。

排蜡又称脱蜡，是排除生坯中蜡质的过程，通常因为热压铸生产的坯件中含有石蜡，如果直接裸装烧成，由于石蜡在升温过程中熔化将使坯件无法保持其固有形状，所以排蜡工艺必不可少。排蜡就是将成型好的坯件埋入吸附剂中，按一定的升温曲线缓慢升温，由于吸附剂的吸附和支撑作用，既吸附掉坯件在升温过程中熔化的石蜡。又使坯件保持固有的形状，逐步升到一定的温度使坯体中石蜡排尽，并达到满足后续工序清灰及套装烧成的强度要求。在整个排蜡过程中，含有表面活性剂的石蜡熔化、被吸附、汽化、炭化是一个复杂的物化过程。在实际生产中，产品经常会出现变形、流蜡、开裂及鼓泡缺陷。所以，在确定合理的排蜡工艺参数时要根据不同的材质及产品来选择，特别是吸附剂的选择、排蜡升温曲线和最高排蜡温度的确定特别重要。

95%氧化铝陶瓷的排蜡一般选用轻烧氧化铝粉作为吸附剂，排蜡温度控制在 1 050 ~ 1 200 °C（石蜡的性能指标为：熔点 58 ~ 60 °C，始蒸发温度 120 ~ 130 °C，汽化范围 300 ~ 350 °C，分解燃烧温度 450 ~ 900 °C）。

新化地区企业最常用的排蜡用窑有：梭式窑（也称间歇式窑）、辊道窑和推板窑。

6.1 吸附剂的准备

排蜡就是将成型好的坯件埋入吸附剂中，由于吸附剂的吸附和支撑作用，既吸附掉坯件在升温过程中焙化的石蜡，又使坯件保持固有的形状。

（1）将新入厂的 γ-Al_2O_3 粉装入黏土材质匣钵，先经 1200 °C 温度煅烧一次（只在投产第一次才这样做）。

（2）吸附剂每使用一次后，均需过 24 目筛，筛去杂质。

（3）吸附剂使用 10 次以上后，每次排蜡均需加入适量新 γ-Al_2O_3 粉，新粉与旧粉混合后使用。

6.2 梭式排蜡窑

梭式窑（图 6-1）以可移动的窑车台面作为窑底，制品的装卸可在窑外进行，装好坯件的窑车推入窑内，经烧成、冷却后再拉出窑外。窑车如同梭子，故称为梭式窑。

图 6-1 梭式窑

梭式窑是间歇操作的（也称间歇式窑），经过装窑、烧窑、冷窑、出窑四个操作阶段，其中装窑和烧窑是关键。排蜡时必须对窑内的燃料燃烧过程、气体流动、传热等情况进行充分的了解。烟气先由下向上至窑顶，然后由窑顶向下流至窑底，经吸火孔排出。制品在窑内的位置固定，各烧嘴在不同阶段要加热到排蜡过程中所需要的不同温度等变化不同的“角色”，升温速度和气氛要不断地变化。烧成时，燃烧产物以对流和辐射两种方式对制品表面进行加热。在低温阶段，以对流传热为主；在高温阶段，以辐射传热为主。冷却时，制品、窑墙及窑顶放出热量，传给从窑门、烧嘴等处入窑的冷空气。梭式窑在升温过程中，燃烧产物自上而下流动，不断降低温度，放出显热加热制品。在冷窑过程中，冷空气从窑的下部（窑门、烧嘴）进入窑内，吸收制品散发的热量，成为热空气从烟道排出。

6.3 推板窑（隧道窑）

推板窑与隧道窑其实是一种炉窑，又称推板式隧道窑，是一种连续式加热烧结设备（图 6-2）。它是为了解决梭式窑间歇加热方式的生产效率低等问题，而提出的一种排蜡推板窑。按照排蜡产品的工艺要求，布置所需的温区及功率，组成设备的热工部分，满足产品对热量的需求。其工作原理是：采用推板输送坯件，由自动控制的液压推进装置把推板推进窑内，并按照恒定的时间把烧成后的制品推出窑外。

（a）　　　　　　　　　　（b）

图 6-2　隧道窑与推板窑

1. 推板窑与隧道窑的分类

（1）按照炉体单炉膛中并列推板的数量分：单推、双推板。

（2）按照推板的运动循环分：全自动、半自动运动。

（3）按传热方式分：明焰式和割焰式。

（4）按利用的能源可分为电、液化气、天然气烧隧道窑等。

2. 设备基本组成

由推进系统、炉体、出料系统、循环系统、电气控制系统、温度测量控制系统、加热系统（硅碳棒、硅钼棒、电阻丝等电热元件，液化气、天然气等）、气路系统等组成。

3. 推板窑的工作原理

采用推板输送坯件，由自动控制的液压推进装置把推板推进窑内，并按照恒定的时间把烧成后的制品推出窑外。

窑体内设有预热带、高温烧成带和冷却带。烧成带设在中部两侧，燃烧产生的高温烟气在前端烟囱或引风机的作用下，沿隧道向窑头方向流动，逐步预热进入窑内的制品，构成了隧道窑的预热带。窑尾鼓入冷风，冷却经窑内烧制的产品构成了隧道窑的冷却带，鼓入的冷风流经制品而被加热后，再抽出送入干燥器，作为干燥生还的热源。

推板窑烧成有明焰和隔焰两种形式，现在一般采用明焰烧成。明焰窑不但热耗小，与隔焰推板窑相比，还具有便于控制烧成气氛等优点。隔焰推板窑具有烧成时火焰均匀纯净，烧成后瓷器表面色泽比较纯正等优点。

推板窑与隧道窑的优点可概括为“多、快，好、省”。

多：是因连续化烧成，产量大。

快：是指周期短，梭式窑间歇式窑炉排蜡由装窑到出窑，一般需要 3 ~ 5 d，推板窑与隧道窑约 24 h 就能完成。

好：是指其烧成规律容易掌握，破损少，质量高。

6.4 装 钵

（1）坯体的装钵方法视产品形状、大小、厚薄而变动，一般大中型产品采用排装、层装，保证一层中坯体与坯体间，层与层之间都应有足够的厚度（10 ~ 15 mm）的吸附剂粉层，有小孔的、形状复杂的产品应保持吸附剂中不能有大于孔眼直径的颗粒。对于小件的产品（一般小于直径 15 ~ 20 mm）一般采用拌装，拌装的吸附剂应充裕，坯体与吸附剂必须拌匀。

（2）匣钵底部要垫粉，上部要盖粉，其厚度一般不小于 10 mm。对大型坯体应适当加厚。每钵产品装好后必须振动 5 s，以便坯件细槽细孔能充满排蜡粉，这样能使吸附剂在坯体间更密实一些。

（3）吸附剂与坯体的总量，只能占匣钵容积的 80%左右。

（4）装钵损坏的产品应分类装入容器，以便重复使用。

6.5 梭式窑装窑

梭式窑间歇式窑炉每一次排蜡是将排蜡产品一次性将窑内装满产品，然后启动窑炉进行排蜡，由装窑到出窑，一般需要 3 ~ 5 d。梭式窑间歇式窑一次装入产品数量比较多，因此装窑一定要做好以下工作。

（1）在装窑前首先在梭式窑内进行仔细检查，挡火墙内、吸火孔处的杂物必须全部清除。

（2）装钵时窑内温度不能高于 50 °C。

（3）将已装排蜡坯体的匣钵均匀、平稳、垂直地码于窑内，每垛匣钵下面留空隙，以防堵塞吸火孔。

（4）匣钵垛高度应适宜，一般应保持离窑顶两个匣钵高度的空间。

（5）装好校对好测温仪表，以确保测温的准确性。

（6）梭式窑装窑时所形成的气流通道既影响火焰对制品的传热，又影响气流分布的合理性，直接关系到制品的质量、烧成时间、燃料消耗等。为了保证装窑质量，装窑时应特别注意以下几点。

① 无论有无窑车，棚板立柱都应码得平、稳、直。

② 合理布置火道，使窑内气流畅通，烟气分布合理。

③ 棚板与窑墙之间应留适当间隙，一般为 100 ~ 150 mm，方窑两端可达 150 ~ 200 mm。

④ 在中部通道近窑门处应各放一组测温锥，用于测试窑内温度情况。

⑤ 在保证装窑质量的前提下，应最大限度地利用窑室的有效空间，提高装窑密度。

⑥ 不同制品应装在不同窑位上，如大件或厚壁制品宜装在窑的中部，以利于其充分排蜡，并避免冷却时温度变化过于剧烈而炸裂。

6.6 梭式窑的烧窑排蜡

1. 设置排蜡所需的升温曲线

（1）升温曲线依据产品大小、形状、厚薄，有无中孔来确定。一般小件的升温曲线时间为 53 h（外形小于 ϕ70 mm，壁厚小于 5 mm 的产品）。

窑温 ~ 100 °C	30 °C/h×5 h
100 ~ 250 °C	10 °C/h×5 h
250 ~ 350 °C	20 °C/h×5 h
350 ~ 500 °C	40 °C/h×5 h
500 ~ 1200 °C	100 °C/h×3 ~ 4 h
	共计 52 ~ 54 h

对于外形大于 ϕ70 mm，壁厚大于 5 mm 的产品升温曲线为：

窑温 ~ 100 °C	30 °C/h×5 h
100 ~ 200 °C	10 °C/h×10 h
200 ~ 300 °C	10 °C/h×5 h
300 ~ 450 °C	20 °C/h×5 h
450 ~ 500 °C	30 °C/h×5 h
500 ~ 1200 °C	100 °C/h×3 ~ 4 h
	共 70 ~ 72 h

（2）当排蜡温度到达 1 200 °C，且排蜡时间到达后可打开窑门让其自然冷却，如有稍大产品严禁强制快速冷却。

（3）窑温冷至 300 °C 时可打开窑门，表温达到 100 °C 以下时可将匣钵移至窑外冷却。

2. 注意事项

（1）60 ~ 100 °C，蜡液导致体积膨胀，要缓慢升温。

（2）100 ~ 300 °C，石蜡化作烟气排出，必须更缓慢升温。

（3）300 ~ 600 °C，必须缓慢升温，烧掉残余石蜡，因此时黏结剂几乎全部排出，且粉料颗粒之间尚未烧结，没有强度，故要防止开裂。

（4）900 ~ 1 200 °C，这是最终排蜡温度，使颗粒间有部分烧结，以保证成形坯体不散。

6.7 推板窑与隧道窑排蜡

操作人员将装好钵的排蜡产品送至窑炉进窑孔，排蜡按 50 ~ 70 min 前进 30 cm（一块推板的宽度）的推进速度进窑，排蜡产品在窑炉中经室温、100 °C、200 °C、300 °C、400 °C、600 °C、800 °C、1000 °C、1150 °C、1000 °C、800 °C、600 °C、400 °C、100 °C 等温区 70 ~ 90 h 后连续自动出窑。

6.8 清 刷

（1）对出钵后的坯体应逐个进行清刷或用压缩空气吹净，吹净后逐个码放于塑料盒中。

（2）对体积非常小而数量又非常多的排蜡后的坯体，可以将坯体与锯木屑混合后放于振动磨中振磨 10 min 或更长时间，以使坯体表面干净为止。

6.9 排蜡常见缺陷的产生原因和解决措施

6.9.1 变 形

1. 产生的原因

（1）由于石蜡质软，套装匣钵时用力太大导致产品挤压变形。

（2）排蜡温度太高，由于产品结构的异形导致产品各向收缩不一致而产生变形。

（3）由于吸附剂本身的收缩或疏密度的差别而产生的变形。

2. 解决措施

（1）套装产品时，特别是薄壁异形产品，要做到轻拿轻放。

（2）选择合适的吸附剂并振动夯实，保证吸附剂的各处均匀性，适当降低最高排蜡温度。

6.9.2 流 蜡

1. 产生原因

（1）低温 100 ~ 120 °C 以及 180 ~ 300 °C 阶段升温速率太快及保温时间不够或保温时间太长造成产品表面流蜡脱皮。

（2）料中含有水分以及油酸等活性剂过期变质，升温过程中因水分和变质活性剂的汽化或分解导致流蜡。

（3）吸附剂渗漏（匣钵开裂引起）或产品粉埋深度不够导致窑温陡变性大而产生流蜡。

（4）原料处理细度不合理或粗细不均匀也会产生流蜡。

2. 解决措施

（1）严格控制石蜡熔化温度点及始蒸发温度至挥发温度范围内的升温速率及保温时间。

（2）烘干预处理的原料，使含水率小于 0.5%，制备料浆饼及成型过程中防止水分混入，选择优质合适的活性剂及用量。

（3）增强排风，保证窑内温度均匀提高，使产品中的蜡液均匀渗透、挥发。

（4）严格控制原料处理工艺，保持原料的粗细均匀以及每批原料的统一性。

6.9.3 开裂、鼓泡

1. 产生原因

（1）吸附剂使用时间长导致吸附性能变差或 200 ~ 500 °C 升温太快，从而使石蜡、活性剂在液化、汽化过程中吸附不充分，在随后的高温阶段突然冲出坯体而形成开裂、鼓泡。

（2）不同的产品（特别是厚制品），吸附剂和蜡坯件套装密度应有所区别，如果套装比不合理，吸附剂吸附能力不够也会导致开裂、鼓泡。

（3）烟道堵塞，窑内挥发物得不到及时排出或坯件粉埋深度太浅而燃蜡引起的开裂鼓泡。

（4）所采用的吸附剂轻烧温度太低，γ-Al_2O_3 在排蜡过程转为 α-Al_2O_3，以致体积收缩挤裂坯体。

（5）成型时，浆温、模温、脱模时间掌握不好而形成隐裂，在排蜡中显露出来。

2. 解决措施

（1）及时更换吸附剂，或在使用较长时间的排蜡粉中掺入一定比例的工业氧化铝新粉，提高吸附剂能力。

（2）选择合适的吸附剂和坯体套装比例，厚制品适当增加吸附剂用量。

（3）及时清理烟道、烟囱，保持窑道通畅，必要时可用热风机加强排风，保证匣钵表面有 1 cm 以上吸附剂覆盖坯件。

（4）严格执行成型工艺操作规程，加强坯检制度，防止成型隐裂的发生以及不合格坯件流入排蜡工艺过程。

复习思考题

1. 热压铸成型为什么要进行排蜡？
2. 排蜡温度对坯体质量有何影响？
3. 排蜡易产生的哪些质量问题？

7 烧成工艺

【本章学习要点】本章介绍了陶瓷坯体在烧成过程中各温度段所经历的主要物理、化学反应，以及如何根据这些物理、化学反应制定烧成制度；坯体在烧成过程中显微结构的变化；烧成过程中常用的窑具及装窑控制；烧成过程中常见缺陷产生的原因和防止方法。

7.1 坯体在烧成过程中的物理、化学变化

成型坯体经过排蜡后，必须经过高温烧成，才能变成陶瓷制品。烧成是制造陶瓷最重要的工序之一，烧成技术是制造无缺陷、高强度、高性能的陶瓷制品的最重要工艺。坯体从入窑升温到冷却成瓷，中间要经历一系列的物理、化学变化。坯体在烧成过程中的物理、化学变化，首先取决于坯料的化学组成，它与原料的制备和成型技术有着不可分割的联系。氧化铝陶瓷的烧结温度主要由其化学组成中 Al_2O_3 的含量来决定，Al_2O_3 含量越高，烧结温度越高，除此之外，还与瓷料组成系统、各组成配比以及添加物种类有关。比如，在 Al_2O_3 含量相当时，$CaO\text{-}Al_2O_3\text{-}SiO_2$ 系瓷料比 $MgO\text{-}Al_2O_3\text{-}SiO_2$ 系瓷料的烧结温度低。因此，在保证瓷体满足产品使用目的和技术要求的前提下，我们可以通过配方设计，选择合理的瓷料系统，加入适当的助烧添加剂，使氧化铝陶瓷的烧结温度尽可能降低。

烧成是将成形后的坯体在特定的窑炉内加热到高温并保持一定时间，通过固相或部分液相扩散物质迁移，而消除孔隙，将颗粒状陶瓷坯体置于高温炉中，使其致密化形成强固体材料过程。烧结开始于坯料颗粒间空隙排除，使相邻粒子结合成紧密体。但烧结过程必须具备两个基本条件：应该存在物质迁移机理；必须有一种能量（热能）促进和维持物质迁移。现在精细陶瓷烧结机理已出现了气相烧结、固相烧结、液相烧结及反应液体烧结等四种烧结模式。它们的材料、结构、机理与烧结驱动力方式各不相同，尤其传统陶瓷和大部分电子陶瓷烧结依赖于液相形成、黏滞流动和溶解再沉淀过程，而对于高纯、高强结构陶瓷烧结，则以固相烧结为主，它们通过晶界扩散或点阵扩散来达到物质迁移。烧结是陶瓷材料制备工艺过程中的一个十分重要的最终环节。

陶瓷的烧成一般有以下五个过程：

（1）低温阶段（室温至 300 °C 左右，水分蒸发期）。

（2）中温阶段（300 ~ 950 °C，氧化分解与晶型转变期）。
（3）高温阶段（950 °C 至烧成温度，玻璃化与成瓷）。
（4）保温阶段。
（5）冷却阶段。

7.2 陶瓷的几种常见的烧成方法

1. 常压烧结

常压烧结是使用最广泛的一种方法。它在大气中烧结，既不抽真空，也不加任何保护气体，在电阻炉中进行烧结。这种方法适用于烧结氧化物陶瓷，非氧化物陶瓷有时也采用常压烧结。常压烧结与其他方法相比经济有效，但也有不利之处。烧结用电阻炉的关键部件是发热体元件，通常生产中应根据不同材料的烧结温度，而选择不同加热体的电阻炉。

目前，常压烧结所使用的窑炉主要是推板窑和梭式窑。

2. 热压烧结

热压烧结即将粉末填充于模型内，在高温下一边加压一边进行烧结的方法。同时进行加温、加压（机械压力而不是气压）的烧结。加压方式一般都是单向加压，热压时的压力不能太高，一般为 50 MPa。冷压成型的压力可达 200 MPa，甚至更高。

热压烧结的加热方式仍为电阻加热。加压方式为液压传动加载。热压烧结的主要优点是加快致密化进程，减少气孔隙，提高致密度，同时，可降低烧结温度。Si_3N_4、SiC、$A1_2O_3$ 陶瓷等使用该法烧结。然而因成本较高，其应用受到限制。

3. 热等静压烧结

热等静压一般是沿单轴方向进行加压烧结，相对而言，这种方法是借助于气体压力而施加等静压的方法。除 SiC、Si_3N_4 使用该法外，$A1_2O_3$、超硬合金等也使用该法。尽管有许多优点，但由于是单轴向加压，故只能制得形状简单如片状或环状的样品。此外，热等静压还可以用于金属铸件、金属基复合材料、喷射沉积成形材料、机械合金化与粉末冶金材料、产品零部件的致密化等。

4. 气氛烧结

气氛烧结是采用各种气氛作为保护或反应参与物，进行烧结。常用的有真空、氢、氧、氮和惰性气体（如氩）等各种气氛。例如，透明氧化铝陶瓷可用氢气氛烧结，透明铁电陶瓷宜用氧气氛烧结。

7.3 窑　具

为了煅烧陶瓷制品而采用的匣钵、推板等装窑耐火支撑物，统称为窑具。窑具与坯体一起入窑，在窑内也与坯体一样被加热与冷却。窑具要反复经历入窑、出窑冷热交替的变化，所以对材质的要求很高。

7.3.1 对窑具的性能要求

1. 要有良好的热稳定性

耐火材料抵抗温度急剧变化而不被破坏的性能称为热稳定性。无论是推板窑还是梭式窑，窑具都要经过多次的冷热载荷，因此，必须具有良好的热稳定性。影响热稳定性的主要因素是材料的热膨胀系数、热导率、弹性系数区窑具的厚度和形状。膨胀系数和弹性系数小、热导率大，且器形简单、壁薄的窑具，热稳定性好。

2. 常温及高温下的强度大

无论是哪种窑具，都要承受来自坯体的作用力。所以，窑具要有较高的机械强度，在高温下有较高的抗荷重软化能力。一般荷重软化温度要比制品的烧成温度高 50～100 °C，才能保证其在高温下荷重不至于软化变形。

3. 良好的导热性、较低的蓄热量

导热性好，传热快，对坯体升温有利。蓄热少，吸热就少，带出窑的热量也少，会降低热损。

4. 较高的耐火度和较小的重烧线变化

窑具的耐火度要求比制品的烧成温度高 300 °C 以上。耐火度是材料在无荷重时抵抗高温作用而不熔化的性质。重烧线变化又称为残余线变化，是指耐火制品试样加热到规定温度，保温一定时间并冷却到室温后，其长度方向所产生的残余膨胀或收缩。重烧线变化是评定耐火制品质量的一项重要指标。在国际惯例中，习惯地将残余线收缩值 1.0%时的温度规定为不定形耐火材料的最高使用温度。将残余线收缩值达到 1.5%～2%时的温度规定为隔热材料的温度等级。

5. 窑具的平整度、尺寸的精确度以及较小的质量

窑具与坯体直接接触，其平整度直接影响成瓷质量。尺寸精确有利于实现机械化生产。窑具质量减轻可降低建造和运转成本。

7.3.2 常用窑具的种类

目前国内外应用较多的窑具材料有：堇青石质、莫来石质、刚玉质、碳化硅（结合氮化硅）质等。

堇青石制品分为堇青石-熟料质和堇青石-莫来石质两种。前者除机械强度较高外，总的性能次于后者。堇青石-莫来石制品其主要矿物就是堇青石和莫来石。堇青石是一种热膨胀系数很低、高温力学性能较好的矿物，符合现代窑具材料的要求。堇青石最高使用

温度为 1 350 ~ 1 400 °C。莫来石具有热膨胀率低、抗化学侵蚀性强、热稳定性好等优点，是陶瓷窑用耐火材料的重要矿物，与堇青石配合使用，可获得优良的效果。例如，某产品含堇青石 30% ~ 45%，含莫来石 30% ~ 45%。

高铝质材料中又有高铝质、莫来石质及刚玉质三种。后两种的含铝量在 60% ~ 99%，这类材料能在 1 700 °C 以上的高温下使用。

碳化硅制品由于结合剂的种类不同也有好几种，包括硅质结合剂、氮化物（氮化硅和氮氧化硅）结合剂、重结晶碳化硅或 α-SiC 微晶结合的制品。这类材料的特点是具有良好的抗氧化性、抗热冲击性、耐磨性和热传导性以及高温力学性能等，最高使用温度可达 1 450 ~ 1 650 °C。

黏土-熟料质窑具是由黏土预烧至全部或大部分烧结后再破碎成熟料（40% ~ 60%），用黏土结合而成，它的矿物组成为莫来石、游离石英、玻璃相以及气孔。它的热稳定性极差，当采用废匣钵作为熟料时，有的寿命仅为 5 ~ 6 次，最高使用温度要小于 1 300 °C，现已淘汰。

7.3.3 窑具的使用

烧成工艺要求窑具通过不同材质及形状尺寸来满足生产的需要。窑具的材质选择和尺寸设计直接关系到陶瓷制品的成本、能耗和质量。

1. 窑具材质的选择

窑具的材质多种多样，有刚玉、堇青石、莫来石、黏土结合碳化硅、氮化硅结合碳化硅、重结晶碳化硅及反应烧结碳化硅等。材质的选择应遵循以下原则。

（1）使用温度应与材质的允许使用温度相一致。并考虑窑炉烧结气氛是氧化气氛还是还原气氛。抗氧化性能差的黏土结合 SiC 就不适合用于氧化气氛。

（2）弯曲应力较小的部位使用堇青石质或堇青石-莫来石质窑具比较合适。因为其热稳定性好。

（3）弯曲应力较大的部位，如窑车用棚板，对于 1 350 °C 以下的环境，宜采用堇青石-莫来石棚板，其 1 250 °C 以下的抗折强度应在 10 MPa 以上。为增加负荷能力，可用重结晶 SiC 或反应烧结 SiC 做横梁，在横梁上放置棚板。对于 1 350 °C 以上的窑炉，适合采用莫来石质或 SiC 质材料。

（4）轻量窑车上的立柱，一般选用堇青石-莫来石或莫来石质。

2. 窑具尺寸设计与标准化

窑具的造型设计应满足以下五个方面的要求。

（1）满足陶瓷产品形状的要求。

（2）尽量减轻窑具质量，降低成本，节省能耗。

（3）窑具的形状和尺寸便于耐火材料厂制造。

（4）形状设计上具有最小的热应力集中的可能。

（5）尺寸的确定应满足常温、高温下负荷强度的需要。

在保证以上条件的基础上，尽量选用标准化尺寸系列。异形窑具批量小，成本会大幅度上升。

7.4 烧成窑炉

烧成用窑的结构与排蜡基本相同，也有梭式窑、推板窑与隧道窑等各种形式的窑炉，只是烧成用窑的使用温度高于排蜡窑，高达 1 700 °C。以常压烧结的梭式窑为例进行介绍。高温烧成用梭式高温电炉（窑）最高烧成温度大于 1 600 °C。

7.5 烧成工具与材料

筛子	40 目、60 目、80 目	若干
刚玉砂	40#、70#、100#	若干
刚玉匣钵		若干
聚乙烯醇		若干

7.6 烧成工艺过程

烧成工艺过程以梭式窑工艺为例。

1. 装高温钵

装钵前应先将刚玉匣钵内的杂物清除干净，然后将清洗后的 100 号刚玉砂均匀地撒于匣钵底部，再一层层均匀地往上码坯体，每码一层在坯体间也均匀地涂上一薄层 100 号刚玉砂与聚乙烯醇的混合体，以防止制品烧结时互相黏结。

2. 设置烧成温度曲线

窑温 ~ 300 °C	50 °C/h×5 h
300 ~ 1 200 °C	100 °C/h×10 h
1 200 ~ 1 500 °C	20 °C/h×5 h
1 500 ~ 1 700 °C	10 °C/h×4 h

共 24 h。

3. 进（炉）窑

将已经装好坯体的刚玉匣钵均匀、平稳地码放于炉内，每垛下面要用耐火砖垫起，以防堵塞火道。

7.7 烧成缺陷分析

陶瓷产品在烧成后，有部分产品因产生不同形式的缺陷而被降级或成为废品。这些缺陷有些是在烧成工序产生的，有些是以前的工序就存在，烧后才显露出来，下面就烧成工序易产生的缺陷加以分析。

7.7.1 变 形

变形是陶瓷产品比较常见的缺陷，一般表现为几何形状发生扭曲、歪斜、翘角、孔眼不圆、平面凹凸等。

1. 产生的原因

烧成工序造成变形的原因有：垫板不平，坯体歪斜，坯体与垫板收缩不一致，坯体预热、烧成时升温过快，烧成温度过高或高火保温时间过长。

2. 防止方法

（1）制订合理的烧成制度，特别是窑内温差要小，烧成温度和高火保温时间要适当。

（2）装窑时要稳装稳烧，坯体不能装歪，支柱要预留好收缩量，先用木块垫起，待坯体收缩时，木块也已烧尽。

（3）垫片要平整，产品在垫板上收缩阻力要小，若用本坯垫时，其收缩要与坯体一致。

7.7.2 开 裂

1. 产生的原因

（1）坯体的入窑水分过大，窑头温度高，坯体入窑后会出现“崩裂”，常见于比较潮湿的雨季。

（2）坯体在升温或降温时，升温或降温速率快，造成坯体内外收缩不均，或收缩过于剧烈。

（3）大件产品质量较大，装窑方法不当，造成其难以自由收缩。

（4）坯体在入窑前已被磕碰，有暗伤。

2. 防止方法

（1）严格控制坯体的入窑水分<2%。

（2）坯体的升降温速率要合理。

（3）坯体在钵垫上要能够自由收缩。

（4）装窑操作时要稳拿轻放，防止磕碰。

7.7.3 起　泡

1. 产生的原因

陶瓷坯体在焙烧时，由于碳元素及有机物的氧化、碳酸盐及硫酸盐的分解等会产生大量的气体，这些气体若不能顺利排出，就会造成坯体面起泡。

（1）氧化分解时间不够，氧化气氛不足，升温过快导致气体排出时间向后推迟，对气体的排出产生很大阻力而形成气泡。

（2）烧成温度过高或窑内局部温度过高，产生过烧泡。

2. 防止方法

（1）在氧化分解阶段要缓慢升温、适当保温，使坯体内外、上下温差小，预热均匀，氧化充足。

（2）严格控制烧成制度，加强通风，选择合理的装窑密度。

7.7.4 生烧与过烧

生烧后制品吸水率偏高，光泽差，坯体发黄。过烧后制品变形、起泡。

1. 产生原因

（1）烧成温度过低或过高，高火保温时间过短或过长。

（2）制品装窑密度不合理，火道不畅通。

（3）窑内上、下温差过大。

2. 防止方法

（1）调整烧成制度使之合理。

（2）减小窑内温差。

（3）品种搭配合理，疏密适宜。

7.7.5 色　差

色差指一套或一件制品颜色不一致，严重影响外观质量。

1. 产生原因

（1）窑内的温度、气氛波动幅度大。

（2）窑内的温差过大。

2. 防止方法

（1）严格控制烧成温度、气氛，使之保持稳定。

（2）减小窑内的温差。

复习思考题

1. 陶瓷坯体在烧成过程中要经历哪些物理、化学反应？
2. 制订烧成制度主要考虑哪些因素？烧成温度曲线应如何制订？
3. 坯体从入窑到出窑各阶段升温、降温速度如何确定？
4. 陶瓷制品在烧成过程中容易产生的缺陷有哪些？产生的原因是什么？如何排除？

8 陶瓷后处理工序

【本节学习要点】本章介绍烧结成瓷后针对不同应用领域需求，陶瓷所进行的后处理工序，包括陶瓷制品的抛光、陶瓷金属化、陶瓷施釉、陶瓷机加工以及陶瓷制品的质量检测。

8.1 陶瓷抛光

陶瓷抛光的方法主要有机械抛光、化学机械抛光、超声波抛光、电泳抛光、流体抛光、磁研磨抛光及镭射抛光等。

8.1.1 机械抛光

机械抛光是靠切削或使材料表面发生塑性变形，去掉工件表面凸出部分，得到平滑面的抛光方法。一般使用油石条、羊毛轮、砂纸等，以手工操作为主。表面质量要求高的可采用超精研抛的方法。超精研抛是采用特制的磨具，在含有磨料的研抛液中，紧压在工件表面加工表面上，做高速旋转运动。如图 8-1 所示。

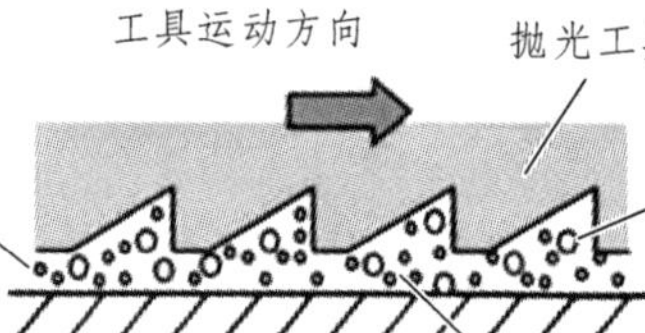

（a）液体动力抛光

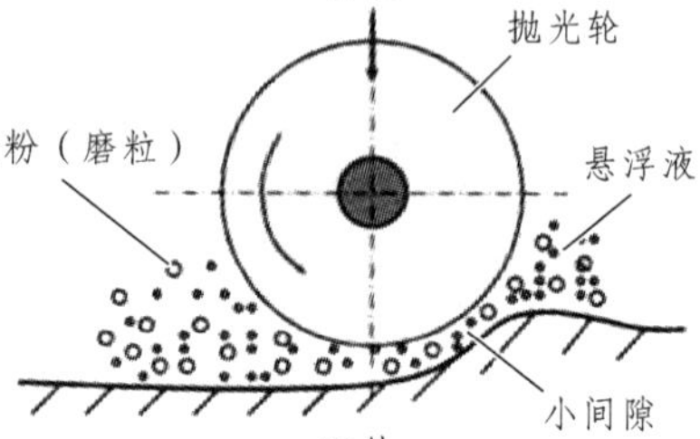

（b）弹性发射加工原理

图 8-1　机械抛光机理

机械抛光的机理是靠楔形挤压和抛光液的反弹增加微切削作用和被加工材料的微塑性流动作用达到抛光效果。由于陶瓷手机背板的厚度较小，且机械抛光是直接接触，摩擦可能导致工件出现应力变形，温度过高还可能使得晶格组织被破坏，故在抛光过程中要注意控制温度。

8.1.2 化学机械抛光（CMP）

化学机械抛光是指利用抛光液腐蚀作用和机械去除作用的复合效果进行抛光的方法。其最大特征是粉末比加工物的机械性质还软，能够与加工物发生固相反应。在其与通常的抛光进行同样的滑动运动时，粉末与加工物局部接触点上产生机械-化学效应的微小反应，部分由于摩擦力而发生脱落，加工得以进行。如图 8-2 所示。

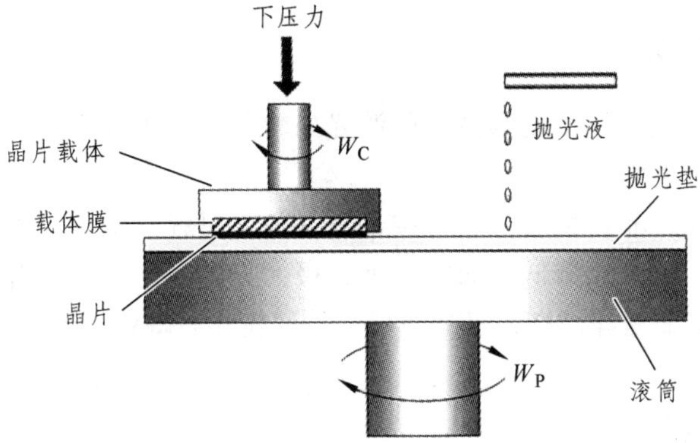

图 8-2　化学抛光机理

要获得品质好的抛光片，必须使抛光过程中的化学腐蚀作用与机械磨削作用达到平衡。目前 CeO_2 等软质抛光液广泛用于陶瓷精密抛光。

8.1.3 超声波抛光

超声波抛光是将工件放入磨料悬浮液中并一起置于超声波场中，依靠超声波的震荡作用，使研料在工件表面磨削抛光。其主要作用是磨粒在超声振动下，以很大的速度和加速度不断撞击加工表面，对加工表面的微凸部分进行微切削加工，从而达到抛光的目的。

超声加工对各种结构陶瓷、石墨等硬脆材料都可以进行加工，其加工效率随着材料脆性的增大而提高。而且工具对工件的作用力和热影响较小，不产生变形、烧伤、变质等。设备简单，使用维修方便，操作容易，成本较低。

8.1.4 电泳抛光

电泳抛光是将电泳现象应用于陶瓷工件的一种非接触无损抛光方法。由于没有外加载荷，脆硬性陶瓷材料的去除全部依赖粒子的碰撞和微切削来实现，连续的碰撞和微切削使陶瓷表面局部发生微疲劳剥落和极细微的犁削。

8.1.5 流体抛光

流体抛光是依靠流动的液体及其携带的磨粒冲刷工件表面达到抛光的目的。不但可以进行光整加工还可以去除毛刺，效果非常好。流体动力研磨是由液压驱动，介质主要采用较低压力下流过性好的特殊化合物并掺入磨料制成，磨料可采用碳化硅粉末。

8.1.6 磁研磨抛光

磁研磨抛光是利用磁性磨料在磁场作用下形成柔性磨料刷，与工件相对运动，产生切削、刻划、滑擦、挤压和滚动等现象，对工件研磨抛光。这种方法加工效率高，质量好，加工条件容易控制。

8.1.7 镭射抛光

镭射抛光是用一定能量密度和波长的激光束辐照特定工件，使其表面一薄层物质熔化或蒸发而获得光滑表面。

镭射抛光精度高，非接触加工，可控性强，加工过程自动化，不留抛光渣滓，清洁无污染，工艺简单，可有效降低表面粗糙度，极大提高抛光效率，可抛光不规则曲面，且抛光加工的陶瓷更显光泽漂亮，极具质感，是硬脆性质陶瓷材料抛光的最佳选择之一。

8.2 陶瓷金属化

陶瓷金属化是在陶瓷表面牢固地黏附一层金属薄膜，使之实现陶瓷和金属间的焊接，陶瓷金属化工艺有很多种，本节主要介绍被银法和烧结金属粉末法。

8.2.1 陶瓷金属化技术——被银法

一些特种陶瓷制品（如电容器、滤波器、电真空器件瓷壳），在应用时，需要将陶瓷与金属牢固地封接在一起。这一特殊加工工艺采用的方法是，先在陶瓷表面牢固地黏附一层金属薄膜（即金属化），再实现陶瓷与金属件的焊接。

被银法又称烧渗银法。它在陶瓷表面烧渗一层金属银，作为电容器和滤波器等的电极或集成电路基片的导电网络。银的导电性能强，有良好的抗氧化性和热稳定性，在银面上可直接焊接金属。它的烧渗温度较低，气氛要求不严格，因而工艺简单易行。但是，被银时由于银不均匀，银层上可能有银粒存在，会造成电极缺陷。此外，在高温、高湿和直流电场下使用的陶瓷材料，不宜采用被银法。

具体工艺流程如下：

瓷件的预处理→银浆（含银原料、熔剂、黏合剂）的配制→涂敷→烧银

1. 瓷件的预处理

瓷件在涂敷银浆之前必须预先进行净化处理。通常用 70 ~ 80 °C 的肥皂水浸洗，再用清水冲洗。也可采用合成洗涤剂超声波振动清洗。清洗后在 100 ~ 110 °C 烘箱中烘干。质量要求高时，也可在电炉中烧至 550 ~ 600 °C 以除去污迹。

2. 银浆的配制

（1）含银原料

被银用的银浆是用含银原料（常用氧化银及分子银）、熔剂（一般采用氧化铋、硼酸铅、铋镉熔块）以及黏合剂配制而成的。黏合剂常用松香、松节油、环己酮和蓖麻油等油类配成，它能使银浆具有一定的黏稠性，很好地黏附在瓷件表面。银浆配料后，需在刚玉球磨罐中球磨 70 ~ 90 h 方可使用。

含银原料主要有 Ag_2CO_3、Ag_2O、Ag。

① Ag_2CO_3：可由 $AgNO_3$ 和 Na_2CO_3 或 $(NH_4)_2CO_3$ 溶液进行化学反应而得：

$$2AgNO_3+Na_2CO_3 = Ag_2CO_3\downarrow + 2NaNO_3$$

Ag_2CO_3 在烧渗中放出大量 CO_2，易使银层起泡或起鳞皮，由于它易分解成氧化银，使银浆的性能不稳定。

② Ag_2O：可由 Ag_2CO_3 加热分解而得。

$$Ag_2CO_3 \xlongequal{\triangle} Ag_2O+CO_2$$

③ Ag：分子银可直接用三乙醇胺还原碳酸银而得，也可用 $AgNO_3$ 加入氨水后用甲醛或甲酸还原而得。

（2）熔　剂

为了降低烧银温度，并使银与基体牢固结合，需要加入适量的熔剂。这种熔剂在较低的温度下能与基体起反应，形成良好的中间过渡层，使金属银牢固紧密地与基体结合。

熔剂一般包括熔块和低熔点化合物。

溶剂主要影响银浆的稀稠及干燥速度，常用的有松节油、松油醇及环己酮等。为了使银浆涂布均匀、致密、光滑，得到光亮的烧渗涂层，还要加入一些油类如草麻油、亚麻仁油、花生油等。

（3）黏合剂

黏合剂的作用是使银浆具有一定的黏稠性，能很好地黏附在瓷件的表面。但并不参与银的烧渗过程，要求它在低于 350 °C 的温度下烧除干净且不残存灰分。

黏合剂常用的有松香、乙基纤维素、硝化纤维等。

3. 涂　敷

涂敷银浆可用手工或机械浸涂、喷涂及丝网印刷等方法。涂层厚度一般只有 2.5 ~ 3.0 μm。银层经烘干后即在电炉或小型电热隧道窑中以氧化气氛烧渗，最高烧渗温度 500 ~ 600 °C。烧渗过程由于有气体产生，要注意通风排气，控制升温速度，烧后冷却阶段的速率应尽可能快些，以获得结晶细密的优质银层。

4. 烧　银

银的烧渗过程可分为四个阶段：

（1）室温～350 °C

主要是烧除银浆中的黏合剂，在烧除黏结剂的过程中因有大量气体产生，注意通风排气，升温速度每小时不超过 150～200 °C，并且分段进行，以免银层起泡、开裂。

（2）350～500 °C

碳酸银与氧化银分解为金属银。此阶段因有气体逸出，升温速度也要适当控制。

（3）500 °C～最高烧渗温度

在 500～600 °C，硼酸铅先熔化成玻璃态，氧化铋等也相继熔化，和还原出来的银粒构成玻璃液，使银粒晶体彼此黏结。又由于玻璃液与瓷件表面的润湿性，能够渗入瓷件的表层，形成中间过渡层 ，从而保证了银层与瓷件之间的牢固结合。

银的熔点为 960 °C，一般烧银的温度为(825±20) °C，保温时间 15～20 min。

（4）冷却阶段

冷却速度要快，以获得结晶细密的优质银层。但要根据瓷件的热稳定性来决定，以防瓷件开裂。

烧银的整个过程都要求保持氧化气氛，因为碳酸银及氧化银的分解是可逆过程，如不把 CO_2 及时排出，银层会还原不足，增大了银层的电阻和损耗，同时也降低银层与瓷件表面结合强度。

8.2.2　陶瓷金属化技术——烧结金属粉末法

烧结金属粉末法是电真空技术使用最多的一种金属化封接方法。所用的金属粉末有以钼、钨和钼为主体的难熔金属及金、银、铂和铜等非难熔金属。目前常用钼锰金属粉末配成膏料，涂敷在瓷件上，然后在 1200～1600 °C 的高温下形成坚固的金属化薄层。

金属化前需对瓷件的封接部分研磨加工，用稀盐酸浸泡清洗或在 850～1 150 °C 下煅烧以清除污物。金属化层涂料中主要有纯度在 99.5%以上的钼、锰金属粉末区某些氧化物粉末（如 Al_2O_3、SiO_2、Fe_2O_3、CaO、MgO 和 TiO_2 等）。金属粉末应有一定细度，通常要求钼粉末平均粒度 1～2 μm，锰粉中<1 μm 的约 80%。上述粉末配以一定量的黏合剂和稀释剂，混合研磨后即可使用。涂敷时可用毛笔涂刷，也可用喷涂、印涂、丝网套印等方法。涂层厚度应严格控制，一般添加氧化物的涂层厚度 60～70 μm。金属化烧结温度一般比瓷件的烧结温度低 30～100 °C。为便于直接与金属焊接，烧后还需镀上厚 4～6 μm 的镍层。

8.3　陶瓷施釉

陶瓷的施釉是指通过高温的方式，在陶瓷体表面上附着一层玻璃态物质。施釉的目的在于改善坯体的表面物理性能和化学性能，同时增加产品的美感，提高产品的使用性能。

8.3.1　釉的作用

在陶瓷上施釉主要有以下作用。

（1）釉能够提高瓷体的表面光洁度。
（2）釉可提高瓷件的力学性能和热学性能。
（3）提高瓷件的电性能，如压电、介电和绝缘性能。
（4）改善瓷体的化学性能。
（5）使瓷件与金属之间形成牢固的结合。

8.3.2　釉的分类

釉可以分为很多种：

1. 按釉中主要助熔物划分

如铅釉、石灰釉、长石釉等。

2. 按釉的制备方法划分

（1）生料釉：即指釉料配方组成中未使用熟料-熔块的釉。
（2）熔块釉：即指由熔块与一些生料按配比制作而成的釉料。

3. 按照釉的烧成温度划分

（1）易熔釉或低温釉：指熔融温度一般不超过 1 150 °C 的釉。
（2）中熔釉或中温釉：指熔融温度一般在 1 150 ~ 1 300 °C 的釉。
（3）难熔釉或高温釉：指熔融温度一般达 1 130 °C 的釉。

4. 按釉烧成后外观特征和具有的特殊功能划分

透明釉、乳浊釉、画釉、结晶釉、纹理釉、无光釉、蜡光釉荧光釉、香味釉、金属光泽和、彩虹和、抗菌釉、自洁釉等。

5. 按釉的用途划分

装饰釉、电瓷釉、化学瓷釉、面釉、底釉、钧釉等。

8.3.3　施釉工艺

目前施釉工艺主要分为传统的施釉方法和新型施釉方法。

1. 基本施釉方法

（1）浸釉法：将产品用手工全部浸入釉料中，使之附着一层釉浆。
（2）喷釉法：利用压缩空气将釉浆喷成雾状，使黏附于坯体上。
（3）浇釉法：将釉浆浇到坯体上以形成釉层。
（4）刷釉法：用于在同一坯体上施几种不同釉料。

2. 新型施釉方法

（1）流化床法：利用压缩空气使加有少量有机树脂的干釉粉在流化床内悬浮而呈现

流化状态，然后将预热到 100 ~ 200 °C 坯体浸入流化床中，与釉粉保持一段时间的接触。

（2）热喷施釉法：先进行坯料的素烧，后在炽热状态的素烧坏体上进行喷釉。

（3）干压施釉法：压施釉法是将成型、上釉一次完成的一种方法。釉料和坯体均通过喷雾干燥来制备。成型时，先将坯料装入模具加压一次，然后撒上少许有机黏合剂，再撒上釉粉，然后加压。

（4）机器人施釉。

8.3.4 烧　釉

陶瓷施釉后要进行烧釉工序。烧釉制度制定与很多因素有关，如：

（1）坯釉的化学组成及其在烧成过程中的物理化学变化；

（2）坯件的种类、大小、形状和薄厚；

（3）窑炉的结构、种类、燃料种类以及装窑疏密等；

（4）相似产品的成功烧成经验等。

根据以上因素，再确定烧釉过程的升温速率、烧成温度（止火温度）、保温时间和冷却速度等。

8.4 陶瓷机加工

有些特种陶瓷制品在使用时，对瓷件的形状尺寸和表面光洁度有严格规定。这时就必须对烧结瓷件进行磨削、研磨、抛光及切割打孔等机械加工。

（1）磨削加工所用的机床有外圆磨、内圆磨、卧（内）铺平面磨及位行磨多种。加工工具有普通砂轮和金刚石砂轮。磨削加工要根据陶瓷材料的特性和磨床形式正确选择砂轮种类和形状，以保证磨削质量。

（2）研磨是用于平面、球面、圆筒面的精加工方法。研磨加工时根据加工物的种类选择磨具、磨粒、研磨液、加工压力和加工速度等。

8.5 陶瓷质量检测

陶瓷制品的质量检测能够对陶瓷产品质量进行公正、客观的评价，对陶瓷制作过程中的材料选择和材料控制具有重要的意义。质量检测工作能够对生产环节所采用的一系列技术或者工艺进行质量检测，从而及时发现生产工作中存在的不足并改进，促进生产和创新发展。

企业想要获得更长远的发展，需要对产品的质量有保证。现阶段，陶瓷企业之间的竞争集中体现在质量竞争方面，如果企业忽视了对陶瓷产品质量的关注，而是片面地追求产品品牌效应，就会导致陶瓷企业发展停滞。加强产品质量检测工作是保证陶瓷企业发展、提升经济效益的重要手段。

8.5.1 检测项目

本书主要介绍氧化铝瓷及滑石瓷相关检测。检测项目包括瓷件各类物理化学性能，检测方法可参考各类国家标准及行业标准（如附录 A 所示）。

1. 物理性能

光泽度、白度、外观质量、规格尺寸、放射性能、尺寸和表面质量、断裂模数和破坏强度。

2. 力学性能

刚度、硬度、韧性、塑性、抗压强度。

3. 热学性能

导热性、膨胀系数、化学稳定性、尺寸稳定性。

4. 电学性能

导电性、击穿电压或击穿强度、绝缘电阻、介质常数。

5. 化学性能

耐酸碱、耐腐蚀、耐氧化等。

6. 化学成分

元素含量、氧化物含量。

表 8-1 列出了氧化铝白瓷和金属化瓷件的一些常规性能指标。

表 8-1 白瓷和金属化瓷件性能指标

	项目		单位	数据					
白瓷	氧化铝含量		%	滑石	75	90	92	95	96
	物理性能	体积密度	$g \cdot m^{-3}$	2.6	3.2	3.6	3.6	3.6	3.7
		吸水率	%	0	0.5	0	0	0	0
	机械性能	弯曲强度	MPa	180	110	300	320	310	340
		硬度（HV）	GPa	5.7	8.9	12.0	12.2	12.9	13.5
		弹性模量	GPa	120	160	280	280	310	320
		泊松比	—	0.21	0.17	0.22	0.22	0.23	0.23
	热性能	线膨胀系数（20～500 °C）	10^{-6} mm · °C^{-1}	7.9	7.2	7.1	7.1	7.2	7.2
		热导率	W · m^{-1} · K^{-1}	2	8	11	16	23	23
		比热	10^3 J · kg^{-1} · K^{-1}	0.75	0.75	0.75	0.78	0.78	0.78

续表

	项目			单位	数据					
白瓷	电性能	介电常数（1 MHz）		—	6.0	8.8	9.2	9.0	9.2	9.4
白瓷	电性能	介质损耗角正切		10^4	18	180	15	10	8	5
白瓷	电性能	绝缘强度		$10^6\ V \cdot m^{-1}$	18	12	15	14	15	15
金属化瓷件		气密性		$Pa \cdot m^3 \cdot s^{-1}$	—	—	$\leqslant 10^{-8}$	$\leqslant 10^{-8}$	$\leqslant 10^{-8}$	$\leqslant 10^{-8}$
金属化瓷件		体积电阻率	20 °C	$\Omega \cdot cm$	—	—	$\geqslant 10^{12}$	$\geqslant 10^{12}$	$\geqslant 10^{12}$	$\geqslant 10^{12}$
金属化瓷件		体积电阻率	300 °C	$\Omega \cdot cm$	—	—	10^7	10^{12}	10^{10}	10^{10}
金属化瓷件		体积电阻率	500 °C	$\Omega \cdot cm$	—	—	10^5	10^9	10^6	10^6
金属化瓷件		结合强度		MPa	—	—	≥120	≥120	≥120	≥120
金属化瓷件		金属层厚度		μm	—	—	≥20	≥20	≥20	≥20

复习思考题

1. 陶瓷烧成后有哪些后处理工序？
2. 为什么要进行陶瓷质量检测？

参考文献

[1] 华南工学院，等. 陶瓷工艺学[M]. 北京：中国建筑工业出版社，1981.
[2] 人力资源社会保障部教材办公室. 陶瓷原料准备工[M]. 北京：中国劳动社会保障出版社，2021.
[3] 西北轻工业学院，等. 陶瓷工艺学[M]. 北京：轻工业出版社，1980.
[4] 刘康时，等. 陶瓷工艺原理[M]. 广州：华南理工大学出版社，1990.
[5] 张文毓. 先进陶瓷材料的研究与应用[J]. 陶瓷，2019（03）：14-18.
[6] 章秦娟. 陶瓷工艺学[M]. 武汉：武汉理工大学出版社，1997.
[7] 宜兴陶瓷工业学院. 陶瓷工艺学[M]. 北京：中国轻工业出版社，1991.
[8] 朱海. 先进陶瓷成型及加工技术[M]. 北京：化学工业出版社，2016.
[9] 王超. 陶瓷成型技术[M]. 北京：中国轻工业出版社，2012.
[10] 孟天雄. 陶瓷窑炉节能[M]. 长沙：中南工业大学出版社，1993.
[11] 吴纯愚. 陶瓷计算[M]. 北京：轻工业出版社，1983.
[12] 张云洪. 陶瓷工艺技术[M]. 北京：化学工业出版社，2006.
[13] 陆小荣. 陶瓷烧成技术[M]. 北京：中国轻工业出版社，2012.
[14] 电子元器件专业技术培训教材编写组. 实用电子陶瓷（上）[M]. 北京：电子工业出版社，1986.
[15] 尹衍升，张景德. 氧化铝陶瓷及其复合材料[M]. 北京：化学工业出版社，2001.
[16] 杜海清，等. 电瓷制造工艺[M]. 北京：机械工业出版社，1983.
[17] 李标荣. 电子陶瓷工艺原理[M]. 广州：华中工学院出版社，1986.
[18] 李世普，等. 特种陶瓷工艺学[M]. 武汉：武汉工业大学出版社，1990.
[19] 刘振群. 陶瓷工业热工设备[M]. 武汉：武汉工业大学出版社，1989.
[20] 湖南省轻工业学校. 陶瓷工业热工设备[M]. 北京：轻工业出版社，1983.
[21] 史菌庭. 电子陶瓷工艺基础[M]. 上海：上海科技出版社，1982.
[22] 费文媛. 陶瓷原料分析技术[M]. 2 版. 北京：中国轻工业出版社，2016.

附　录

附录 A　电子元器件结构陶瓷材料
（GB/T 5593—2015）

前　言

本标准按照 GB/T 1.1—2009 给出的规则起草。

本标准代替 GB/T 5593—1996《电子元器件结构陶瓷材料》。

本标准与 GB/T 5593—1996 相比，主要有下列变化：

——表 1 中作如下修改：

对 A-95、A-99 增加了硬度性能要求；增加了测试 A-95、A-99 硬度方法的规范性附录 A；B-97 替代 B-95；B-97、B-99 两者 BeO 组分含量均为最低值；“单位与符号”改为“单位”；线膨胀系数单位/°C 改为 K^{-1}；晶粒大小 μ 改为 μm；A-95 的晶粒大小从 15 μm ~ 30 μm 改为 8 μm ~ 20 μm；B-97 20 °C ~ 500 °C 线膨胀系数 7 ~ 8 改为 7.0 ~ 8.5；B-97，B-99 中平均晶粒大小改为 12 μm ~ 30 μm；B-97 中导热系数 20 °C 改为 200 W/（m · K），100 °C 改为 160 W/（m · K）；B-99 中导热系数 20 °C 改为 230 W/（m · K），100 °C 改为 180 W/（m · K）；

——5.8 抗热震性的测定持续时间从 30 min 改为 10 min；

——表 2 中作如下修改：

部分测试样品尺寸，将氧化铝瓷和氧化铍瓷分别对待；气密性样品厚度从 0.25 mm±0.02 mm 改为 0.30 mm±0.02 mm。

请注意本文件的某些内容可能涉及专利，本文件的发布机构不承担识别这些专利的责任。

本标准由中华人民共和国工业和信息化部提出。

本标准由中国电子技术标准化研究院归口。

本标准起草单位：中国电子科技集团公司第十二研究所、湖南新化鑫星电子陶瓷有限公司、江苏常熟银洋陶瓷器件有限公司、河南济源兄弟材料有限公司、浙江绍兴富尔全瓷业有限公司、浙江温岭特种陶瓷厂。

本标准主要起草人：高陇桥、曹培福、高永泉、黄国立、王立夫、徐正平、李晓英。

本标准所代替标准的历次版本发布情况为：

——GB 5593—1985、GB/T 5593—1996。

电子元器件结构陶瓷材料

1 范围

本标准规定了电子元器件结构陶瓷的种类、级别、技术指标要求、试验方法和检验规则。

本标准适用于电子元器件用结构陶瓷材料。

2 规范性引用文件

下列文件对于本文件的应用是必不可少的。凡是注日期的引用文件，仅注日期的版本适用于本文件。凡是不注日期的引用文件，其最新版本（包括所有的修改单）适用于本文件。

GB/T 1031—1995 表面粗糙度参数及其数值

GB/T 1966 多孔陶瓷显气孔率、容重试验方法

GB/T 2413 压电陶瓷材料体积密度测量方法

GB/T 2421.1 电工电子产品环境试验 概述和指南

GB/T 5594.1 电子元器件结构陶瓷材料性能测试方法 气密性测试方法

GB/T 5594.2 电子元器件结构陶瓷材料性能测试方法 杨氏弹性模量 泊松比测试方法

GB/T 5594.3 电子元器件结构陶瓷材料性能测试方法 第 3 部分：平均线膨胀系数测试方法

GB/T 5594.4 电子元器件结构陶瓷材料性能测试方法 第 4 部分：介电常数和介质损耗角正切值的测试方法

GB/T 5594.5 电子元器件结构陶瓷材料性能测试方法 体积电阻率测试方法

GB/T 5594.6 电子元器件结构陶瓷材料性能测试方法 第 6 部分：化学稳定性测试方法

GB/T 5594.7 电子元器件结构陶瓷材料性能测试方法 第 7 部分：透液性测定方法

GB/T 5594.8 电子元器件结构陶瓷材料性能测试方法 第 8 部分：显微结构测定方法

GB/T 5597 固体电介质微波复介电常数测定方法

GB/T 5598 氧化铍瓷导热系数测定方法

GB/T 9530—1988 电子陶瓷名词术语

JJG 151—2006 金属维氏硬度计检定规程

SJ/T 10760—1996 电子器件结构陶瓷材料的名称和牌号的命名方法

3 术语和定义

GB/T 9530—1988 界定的以及下列术语和定义适用于本文件。

3.1

电子陶瓷 electronic ceramics

在电子技术中用于制造电子元件和器件的陶瓷材料，一般可分为结构陶瓷和功能陶瓷。

3.2

莫来石瓷　mullite ceramics

以莫来石（$3Al_2 \cdot 2SiO_2$）为主晶相、钡长石、与钙长石为玻璃相的陶瓷。其特点是介质损耗角正切值较一般长石质瓷小，绝缘电阻率高，抗电强度高，并具有较好的机械强度。主要用于制造电阻瓷基体。

3.3

滑石瓷　steatite ceramics

以原顽辉石为（$MgSiO_3$）为主晶相的陶瓷。其特点是具有较高的机械强度，较低的介质损耗角和高的绝缘电阻率，热稳定性较差。

注：滑石瓷主要用于制造各种类型的绝缘子、线圈骨架、高频瓷轴、波段开关、管座以及电阻基体等。还用于制造各种高压高介电容器。

3.4

镁橄榄石陶瓷　forsterite ceramics

以硅酸镁（Mg_2SiO_4）为主晶相，并含有一定量的钡质玻璃相的陶瓷。其特点是机械强度高，介电性能优良，线膨胀系数与金属钛相近，因此，能与金属钛良好地进行封接。其缺点是热稳定性差。

注：镁橄榄石瓷用于制造电子管和半导体器件的绝缘零件，且广泛用于小型金属陶瓷管。此外，还用于制造电阻基体和陶瓷电容器。

3.5

氧化铝瓷　alumina ceramics

以氧化铝为主要成分，主晶相是 α-Al_2O_3 的陶瓷，如 A-75 瓷、A-95 瓷、A-97 瓷、A-99.9 瓷等，具有机械强度高、高温下介电性能优异、真空气密性好、介电损耗低、硬度大、导热性好、耐高温、耐磨、耐腐蚀、抗氧化等特点。

注：主要用于制造超高频、大功率电真空器件绝缘结构零件，厚膜、薄膜和微波集成电路基片，硅整流器的壳体和支架、天线罩等。

3.6

多孔氧化铝瓷　porous alumina ceramics

含有大量闭口气孔和贯通的开口气孔，主成分为 α-Al_2O_3 的陶瓷，气孔要求分布均匀，并具有一定的机械强度，能耐热急变。

注：可用作管内支撑件、催化剂载体等。

3.7

氧化铍瓷　beryllia ceramics

主晶相为具有纤锌矿结构的氧化铍，次晶相为镁铝铍化合物的陶瓷。按氧化铍的含量不同，可分为 B-95 瓷和 B-99 瓷。其特点是具有很高的导热性，导热系数几乎与纯铝相等。它有优越的抗热震性，其电性能近似于氧化铝瓷。

注：用于制作晶体管的管壳、管座、散热片、功率较大的集成电路和微波集成电路基片、微波窗以及用于空间技术、原子能中子减速器等。

3.8

氮化铝瓷　aluminium nitride ceramics

主晶相以氮化铝（AIN）为主要成分的陶瓷。色白，六方晶型，导热性好，仅次于氧化铍瓷，是一种高导热材料，抗热震性好，化学性能稳定。

注：用于制造大功率厚膜集成电路的陶瓷基片、大功率半导体器件和超大规模集成电路的基板，此外尚可用作高温耐腐蚀材料等。

3.9

氮化硼陶瓷　boron nitride ceramics

以氮化硼为主要成分，结晶结构为六方型或立方型的陶瓷。六方型结构的氮化硼瓷与石墨相似，润滑性能好，硬度低，易于进行机械加工，是较好的可切削材料。立方型结构氮化硼瓷的硬度高，与金刚石相似。氮化硼瓷密度小，热稳定性和化学稳定性好，其突出特点具有高导热率和低电导率，易于加工，以及优异的润滑性能，并有较好的耐高温性，高温性能优于氧化铝瓷以及对微波辐射具有穿透能力。

注：可用于雷达窗口，又可用于功率较大的晶体管管座、管壳、散热片及微波输出窗。

3.10

机械强度　mechanical strength

陶瓷材料或制品抵抗外界机械应力作用的能力。以单位截面上所能承受的最大负荷来表示。根据负荷的性质可分为抗折（或抗弯）强度、抗压强度、抗张强度、抗冲击强度等。

3.11

耐压强度　compression strength

抗压强度

陶瓷材料受到压缩负荷作用而破坏时的极限应力值。

3.12

抗折强度　transverse strength

陶瓷材料受到弯曲负荷作用而破坏时的极限应力值。用弯曲破坏力矩与折断处的横截面积的比值来表示，单位为牛顿每平方厘米（N/cm^2）。

3.13

抗拉强度　tensile strength

陶瓷材料受到张应力（拉伸负荷）的作用而破坏时的极限应力，以试样单位截面积上所承受的破坏负荷表示。单位为牛顿每平方厘米（N/cm^2）。

3.14

体积电阻率　volume resistivity

又称比体积电阻 ρ_v。是表征电介质材料体积绝缘性能的重要指标。ρ_v 在数值上等于边长为 1 cm 的立方体电介质所具有的电阻。单位为欧姆厘米（$\Omega \cdot cm$）。

3.15

电击穿　electric breakdown

在电场作用下，电介质内少量自由电子动能加大，当电压足够大时，由于电子冲击激发出新的自由电子参加运动并产生正负离子，介电功能受破坏，而被击穿。

3.16

电击穿强度　breakdown strength

介电强度　dielectric strength

绝缘强度　insulating strength

处于电场中的介质，当电压增大到某一临界值时，将丧失其绝缘性的现象，相应的临界电压值为击穿电压，相应的电场强度，称为电击穿强度。单位为千伏每毫米(kV/mm)。

3.17

泊松比　poisson's ratio

物体在弹性限度范围内，在轴向拉应力作用下，其横向相对收缩（ ε_y 、 ε_z ）与纵向相对伸长（ ε_x ）之比值称为泊松比。可表示为：

$$\mu=\left|\frac{\varepsilon_y}{\varepsilon_x}\right|=\left|\frac{\varepsilon_z}{\varepsilon_x}\right|$$

3.18

弹性模量　elastic modulus

符合虎克定律的弹性体，在承受轴向拉力（或压力）时，在弹性限度范围内，应力（ σ ）与应变（ ε ）的比值称为弹性模量。记为：

$$E=\frac{\sigma}{\varepsilon}$$

4　要求

4.1　分类与命名

陶瓷材料根据其用途和性能按表 1 进行分类。其名称和牌号的命名符合 SJ/T 10760—1996 的规定。

4.2　性能

陶瓷材料的机械性能、电性能和化学性能等应符合表 1 的规定。

表 1

序号	项目	测试条件	单位	材料				
				A_3S_2-1 莫来石瓷	A_3S_2-3 莫来石瓷	MS-1 滑石瓷	MS-2 滑石瓷	M_2S 镁橄榄石瓷
1	体积密度		g/cm^3	≥2.60	≥2.80	≥2.70	≥2.60	≥2.90
2	气密性		$Pa\cdot m^3/s$	—	—	—	—	通过
3	透液性			通过	通过	通过	通过	通过
4	抗折强度		MPa	≥80	≥100	≥140	≥120	≥110

续表

序号	项目	测试条件	单位	材料				
				A_3S_2-1 莫来石瓷	A_3S_2-3 莫来石瓷	MS-1 滑石瓷	MS-2 滑石瓷	M_2S 镁橄榄石瓷
5	弹性模数[a]		GPa	—	—	—	—	≥150
6	泊松比[a]			—	—	—	—	0.20~0.25
7	抗热震性			—	—	—	—	通过
8	线膨胀系数	20 °C ~ 100 °C	$\times10^{-6}$ K^{-1}	≤6	≤8	≤8	≤8	—
		20 °C ~ 500 °C	$\times10^{-6}$ K^{-1}	—	—	—	—	10 ~ 11
		20 °C ~ 800 °C	$\times10^{-6}$ K^{-1}	—	—	—	—	10.5 ~ 11.5
		20 °C ~ 1200 °C	$\times10^{-6}$ K^{-1}	—	—	—	—	—
9	导热系数	20 °C	W/(m · K)	—	—	—	—	—
		100 °C						
10	介电常数	1 MHz 20 °C		≤7.5	≤7.5	≤7.5	≤7.5	6.5 ~ 7.5
		1 MHz 500 °C		—	—	—	—	
		10 GHz 20 °C[b]		—	—	—	—	—
11	介质损耗角正切值	1 MHz 20 °C	$\times10^{-4}$	≤40	≤20	≤8	≤20	≤5
		1 MHz 500 °C	$\times10^{-4}$	—	—	—	—	—
		10 GHz 20 °C[b]	$\times10^{-4}$	—	—	—	—	—
12	体积电阻率	100 °C	Ω · cm	$\geq10^{11}$	$\geq10^{12}$	$\geq10^{12}$	$\geq10^{12}$	$\geq10^{13}$
		300 °C	Ω · cm	—	—	—	—	$\geq10^{10}$
		500 °C	Ω · cm	—	—	—	—	—
13	击穿强度	D.C.	kV/mm	≥18	≥15	≥20	≥20	≥20
14	化学稳定性	1∶9 HCl	mg/cm^2	—	—	—	—	—
		10% NaOH	mg/cm^2	—	—	—	—	—
15	气孔率		%	—	—	—	—	—
16	晶粒大小		μm	—	—	—	—	—
17	硬度[a]	HV_5	MPa					
18	用途			主要用作电阻基体	主要用作大型装置瓷体	适用于一般装置零件		用作小型电真空零件

[a] 必要时测试。

[b] 必要时按 GB/T 5597 测试。

续表

牌号							
A-75 75% Al_2O_3 瓷	A-90 90% Al_2O_3 瓷	A-95 95%Al_2O_3 瓷	A-99 99% Al_2O_3 瓷	A-99.5 90% Al_2O_3 瓷	A-多孔 Al_2O_3 瓷	B-97（min） 97%BeO 瓷	B-99（min） 99%BeO 瓷
≥3.20	≥3.40	≥3.62	≥3.85	≥3.90	2.0 ~ 2.5	≥2.85	≥2.85
—	通过	通过	通过	通过	—	通过	通过
通过	通过	通过	通过	通过	—	通过	通过
≥200	≥230	≥280	≥300	≥300	≥30	≥170	≥180
—	≥250	≥280	—	—	—	—	—
—	0.20 ~ 0.25	0.20 ~ 0.25	—	—	—	—	—
	通过	通过	通过	通过	—	通过	通过
≤6	—	—	—	—	—	—	—
—	6.3 ~ 7.3	6.5 ~ 7.5	6.5 ~ 7.5	6.5 ~ 7.3	6.5 ~ 7.5	7.0 ~ 8.5	7.0 ~ 8.5
—	6.3 ~ 7.3	6.5 ~ 8.0	6.5 ~ 8.0	6.5 ~ 8.0	—	—	—
—	—	7.0 ~ 8.5[a]	—	—	—	—	—
—	—	—	—	—	—	≥200	≥230
						≥160	≥180
≤9	9.0 ~ 10	9.0 ~ 10	9.0 ~ 10.5	9.0 ~ 10.5	4.5 ~ 5.5	6.5 ~ 7.5	6.5 ~ 7.5
—	—	9.0 ~ 10	—	—	—	—	—
	9.0 ~ 10	9.0 ~ 10	9.0 ~ 10.5	—	—	6.5 ~ 7.5	6.5 ~ 7.5
≤10	≤6	≤4	≤2.5	≤1.5	≤4	≤5	≤4
—	—	30 ~ 40	—	—	—	—	—
—	—	≤10	≤6	—	—	≤8	≤8
$\geq 10^{12}$	$\geq 10^{13}$	$\geq 10^{13}$	$\geq 10^{13}$	$\geq 10^{14}$	$\geq 10^{13}$	$\geq 10^{14}$ （20 °C）	$\geq 10^{14}$ （20 °C）
—	$\geq 10^{10}$	$\geq 10^{10}$	$\geq 10^{10}$	$\geq 10^{13}$	$\geq 10^{10}$	$\geq 10^{11}$	$\geq 10^{11}$
—	—	$\geq 10^{8}$	$\geq 10^{9}$	$\geq 10^{10}$	—	—	—
≥20	≥15	≥15	≥17	≥18	—	≥15	≥18
—	—	≤7.0	≤0.7	—	—	≤0.3	≤0.3
—	—	≤0.2	≤0.1	—	—	≤0.2	≤0.2
—	—	—	—	—	15 ~ 30	—	—
		8 ~ 20	—	—	—	12 ~ 30	12 ~ 30
		1 380	1 450				
可用作高机械强度装置零件	用作管壳及封装零件	用作管壳及电路基片	用作管壳及电路基片	用作集成电路基片输出窗片	用作管内绝缘件及衰减材料	用作高温、高导热绝缘零件及半导体器件基片	

5 试验方法

5.1 试验条件

如果本标准没有特殊规定时，陶瓷材料的所有试验应在 GB/T 2421.1 所规定的正常的试验大气条件下（温度 15 ℃ ~ 35 ℃，相对湿度 45% ~ 75%，气压 86 kPa ~ 106 kPa）进行。

5.2 试验样品

试验所用样品的形状、尺寸、要求和数量应符合本标准表 2 的规定。

除多孔瓷和三公分波段（10 GHz）试验项目外，测量陶瓷材料的电性能时，样品两面应按表 2 的要求用烧渗法覆上一层完整的银层作为电极。其测试方法按 GB/T 5597。

表 2

序号	项目	样品数	形状、尺寸和要求 mm
1	体积密度	5	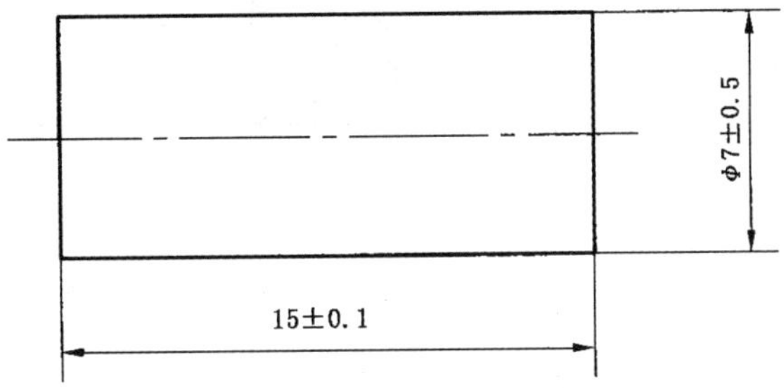
2	气密性	3	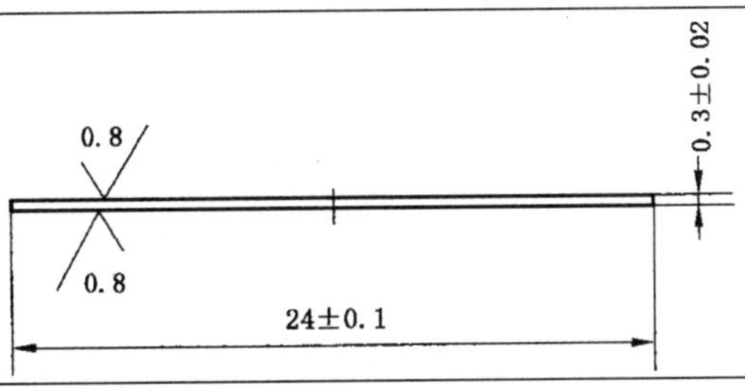
3	抗折强度	10	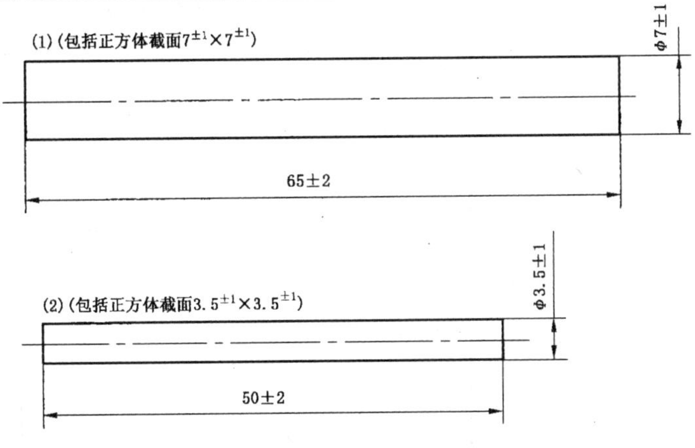 （推荐 BeO 瓷用）

续表

序号	项目	样品数	形状、尺寸和要求 mm
4	弹性模数、泊松比	2	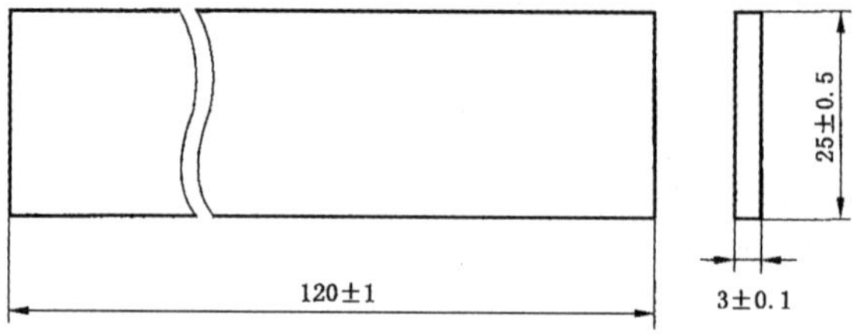
5	抗热震性（热稳定性）	10	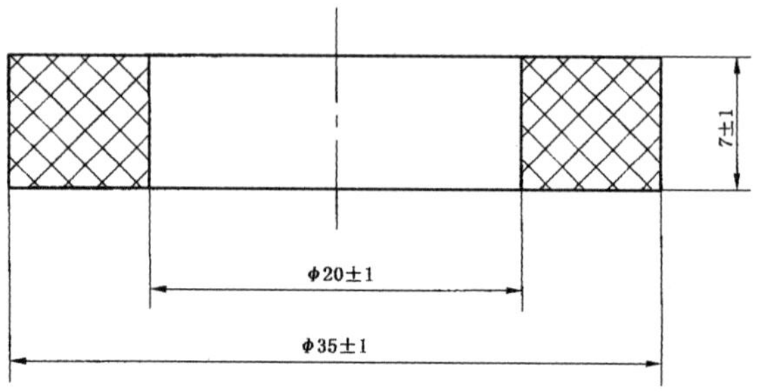
6	膨胀系数	2	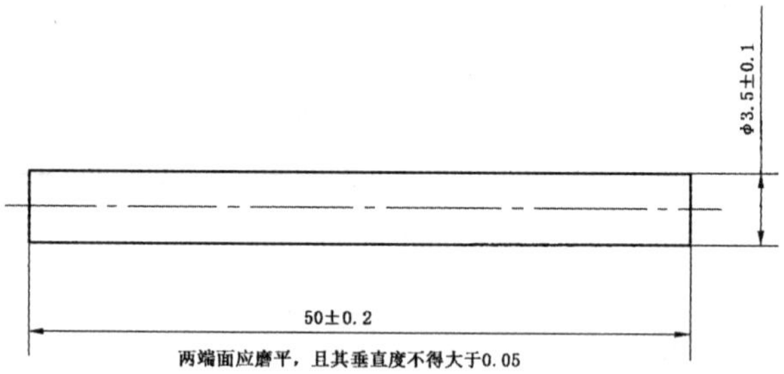 两端面应磨平，且其垂直度不得大于0.05
7	导热系数	2	（1）棒轴法 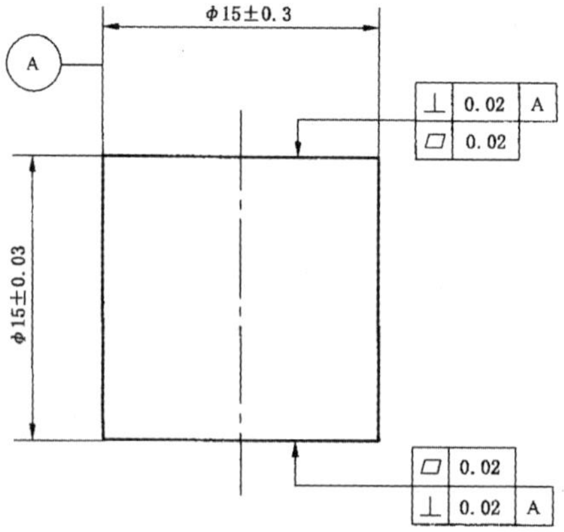

序号	项目	样品数	形状、尺寸和要求 mm
7	导热系数	2	（2）激光闪烁法 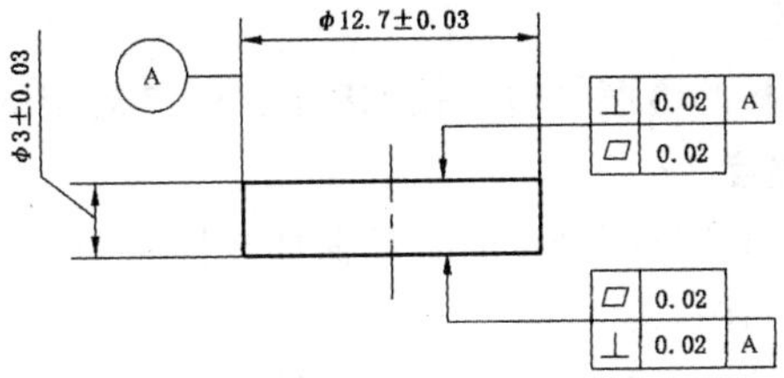
8	介电常数，介电损耗角正切值 1 MHz	5	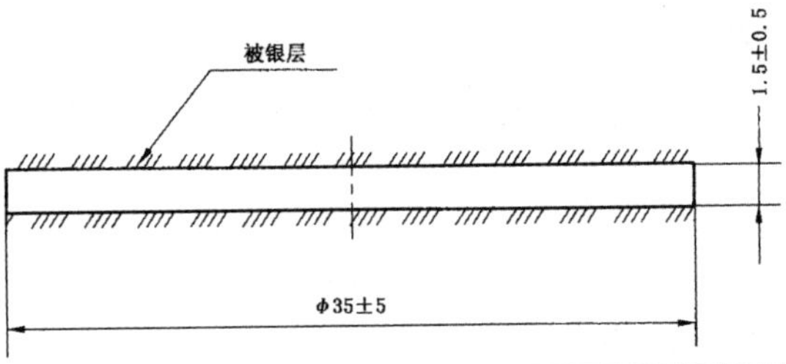
9	体积电阻率	5	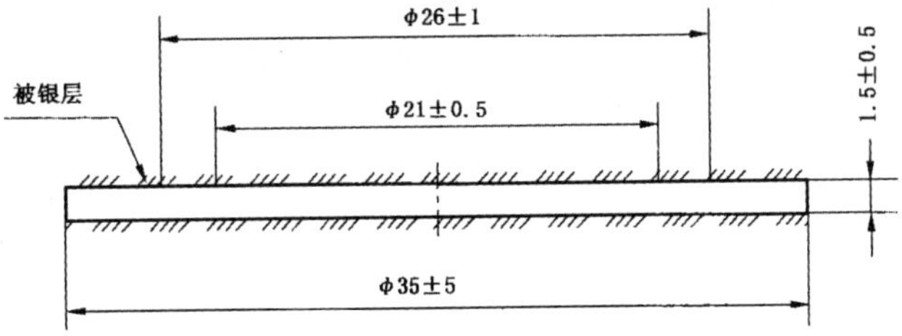
10	击穿强度	5	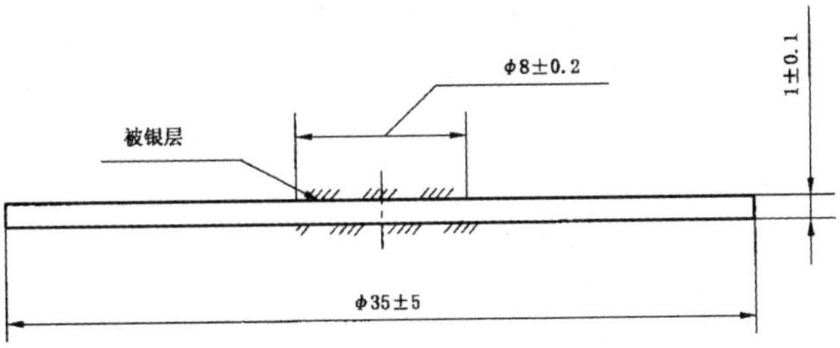
11	化学稳定性	6	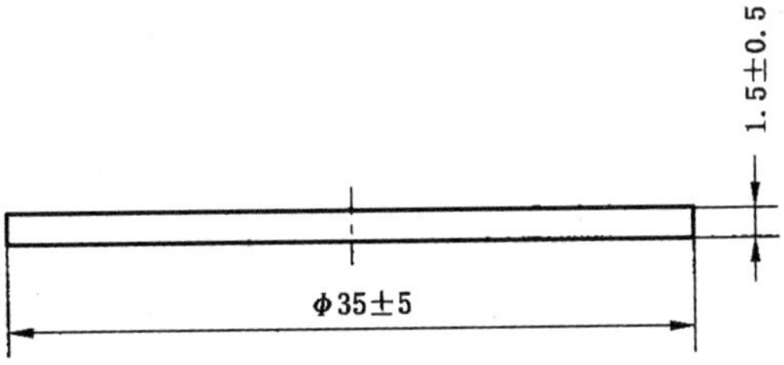

5.3 体积密度

测量陶瓷材料的体积密度时，应按 GB/T 2413 规定的方法进行。

5.4 气密性

测量陶瓷材料的气密性时，应按 GB/T 5594.1 规定的方法进行。

5.5 透液性

测量陶瓷材料的透液性时，按 GB/T 5594.7 规定的方法进行。

5.6 抗折强度

测量陶瓷材料的抗折强度时，负荷加在样品中心，负荷增加的速度不大于 39 N/s，测量误差不超过±10%。

抗折强度 σ 按式（2）和式（3）计算

圆柱形试样：

$$\sigma = 0.025\frac{P \cdot L}{D^3} \tag{1}$$

式中：

σ——抗折强度，单位为兆帕（MPa）；

P——抗折负荷，单位为牛顿（N）；

L——支点间距离，单位为厘米（cm）；

D——试样折断面截面的直径，单位为厘米（cm）。

方形截面试样：

$$\sigma = 0.015\frac{P \cdot L}{b \cdot h^2} \tag{2}$$

式中：

σ——抗折强度，单位为兆帕（MPa）；

P——抗折负荷，单位为牛顿（N）；

L——支点间距离，单位为厘米（cm）；

b——试样折断截面宽度，单位为厘米（cm）；

h——试样折断截面的厚度，单位为厘米（cm）。

5.7 弹性模数、泊松比

测量陶瓷材料的弹性模数、泊松比时，应按 GB/T 5594.2 规定的方法进行。

5.8 抗热震性（热稳定性）

测量抗热震性（热稳定性）时，应将试样洗净，并在 120 °C±10 °C 的加热箱中烘干，自然冷却至室温，然后放入规定试验温度的加热炉中持续 10 min。将试样取出放置在石棉板上，在正常试验大气条件下自然冷却至室温，随后再将试样放入规定温度的加热炉中，重复试验直至规定的次数为止，最后在 1%浓度的品红溶液中浸置 3 min，取出洗净、擦干，在灯光下观察样品不应有裂纹、炸裂。

对 A-90、A-95、A-99、A-99.5、B-97、B-99 陶瓷材料，规定温度为 800 °C±10 °C，反复 10 次为合格。

对 M_2S 陶瓷材料，其试验温度为 400 °C±10 °C，反复五次为合格。

5.9 线膨胀系数

测量陶瓷材料的线膨胀系数时，应按 GB/T 5594.3 规定的方法进行。

5.10 导热系数

测量陶瓷材料的导热系数时，应按 GB/T 5598 规定的方法进行。

5.11 介电常数及介质损耗正切值

5.11.1 介电常数及介质损耗正切值（1 MHz）

测量 1 MHz 下或高温条件下陶瓷材料的介电常数及介质损耗正切值时，应按 GB/T 5594.4 规定的方法进行。

5.11.2 介电常数及介质损耗正切值（10 GHz）

测量 10 GHz 下陶瓷材料的介电常数及介质损耗正切值时，应按 GB/T 5597 规定的方法进行。

5.12 体积电阻率

测量陶瓷材料体积电阻率时，应按 GB/T 5594.5 规定的方法进行。

5.13 击穿强度

测量陶瓷材料的击穿强度时，应在直流高压设备上进行，设备应保证电压能均匀上升，升压速率不大于 1 000 V/s，电压测量误差不应大于±5%。试样及电极要求见表 2，试验应在绝缘性能足够的绝缘油或变压器油中进行。测量厚度时，误差应不大于±0.002 mm。

测试结果按式（3）计算：

$$E = \frac{U}{h} \tag{3}$$

式中：

E——试样的电气强度，单位为千伏每毫米（kV/mm）；

U——试样的击穿电压，单位为千伏（kV）；

h——试样的厚度，单位为毫米（mm）；

5.14 化学稳定性

测量陶瓷材料化学稳定性时，应按 GB/T 5594.6 规定的方法进行。

5.15 气孔率

测量陶瓷材料气孔率时，应按 GB/T 1966 规定的方法进行。

5.16 晶粒尺寸

测量陶瓷材料晶粒尺寸时，应按 GB/T 5594.8 规定的方法进行。

5.17 硬度

测量陶瓷材料硬度时，应按附录 A 规定的方法进行。

6 检验规则

6.1 检验分类

6.1.1 概述

陶瓷材料的检验分为出厂检验（交收检验）和型式检验（例行检验）。

6.1.2 出厂检验

陶瓷材料每批应按表 3 规定的试验项目进行出厂检验。

表 3

材料牌号	控制指标名称
A_3S_2-1 A_3S_2-2	体积电阻率、抗折强度
MS-1 MS-2	介质损耗角正切值、抗折强度
A-75	介质损耗角正切值、抗折强度
M_2S/A-90 A-95 A-99	1 MHz 介质损耗角正切值、抗折强度、击穿强度、线膨胀系数、体积密度、化学稳定性
A-99.5	击穿强度
B-97 B-99	1 MHz 介质损耗角正切值、体积密度、线膨胀系数、热导率

6.1.3 型式检验

为了确定陶瓷材料是否符合本标准的要求，制造厂应按表 1 的规定进行型式检验。型式检验每年不得少于一次，当制造工艺或原材料发生重大改变时，也要进行型式检验。

6.2 检验批

由同一配方在相同条件下连续生产的陶瓷材料组成检验批。

6.3 判定规则

试验中，若全部样品的指标均符合本标准表 1 的规定，则认为该批陶瓷材料合格。在试验中，若发现一项或一项以上的试验项目不符合表 1 的规定，则应以同批瓷料制成两倍数量的样品对不合格项目进行复验。若复验仍不合格，则该批陶瓷材料为不合格。若复验的全部样品的指标均符合表 1 的规定，则认为该批陶瓷为合格。

测量陶瓷材料的抗折强度时，每支样品的测定值不得低于表 1 所规定标准值的 90%。

7 标志、包装、运输和贮存

7.1 标志

陶瓷材料的外包装上应有牢固的标志，内容包括：制造厂名称、产品名称、产品批号、产品型号、制造日期等。

在塑料薄膜内包装里应附有产品标签，内容包括：制造厂名称、产品名称、产品型号、制造日期、产品的主要参数、重量等。BeO 产品在贮存和运输过程中应有“毒品”标识。

7.2 包装

陶瓷材料用内有塑料薄膜的纺织袋等材料进行包装，每袋的重量不超过 25 kg；

7.3 运输

陶瓷材料可以用任何运输工具进行运输，运输中要防止雨淋。

7.4 贮存

陶瓷材料应贮存在通风、干燥的库房里，且与其他粉料隔开存放。

附 录A

（规范性附录）

电子元器件结构陶瓷材料维氏硬度测试方法

A.1 概述

本方法规定了测定电子元器件结构陶瓷维氏硬度所用的设备要求、试样的要求、试验步骤及结果计算。

本方法适用于电子元器件结构陶瓷材料维氏硬度的测定。

A.2 测试原理

采用将两相对面夹角为136°±0.5°正四棱锥体金刚石压头，在试验力作用下压入试样表面，保持规定时间后，卸除试验力，测量试样表面压痕对角线长度。（见图A.1）

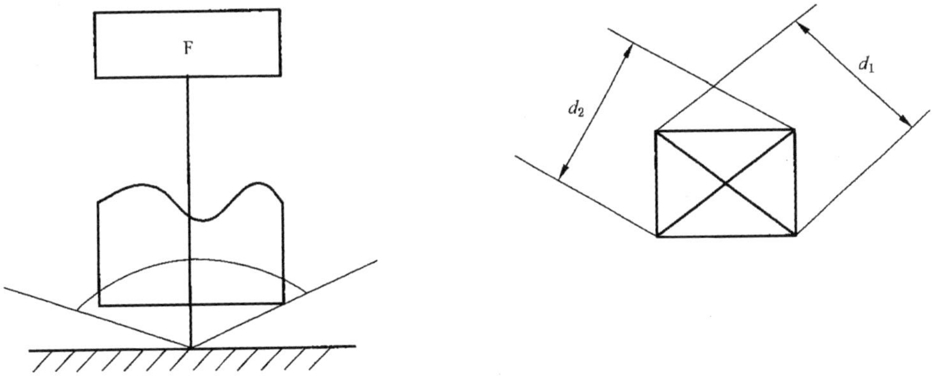

图A.1 维氏硬度测定原理示意图

A.3 维氏硬度的表示方法

试验力除以压痕表面积的商就是维氏硬度值。用49 N（5 kg）的试验力，标准的试验保持时间为10 s ~ 15 s，若所测定的维氏硬度值为1 500，即表示为1 500 HV_5。

A.4 试验设备

试验设备应满足JJG 151—2006规定的要求。

注：本测试方法由河南济源兄弟材料有限公司提供。

A.5 试样

试样样品应符合下列要求：

a）试样要求：1 cm×1 cm见方，厚度不小于4 mm；

b）试验面与相对机面的平行度不大于0.3 mm/cm；

c)试验面应为光滑平面，粗糙度按 GB/T 1031—1995 规定测试值 *Ra* 不大于 0.8 μm。

A.6 试验步骤

试验步骤如下所示：

a）将硬度计放置在稳固的基础上，并调至水平，其水平度为 0.2/1 000；

b）使试样试验面与压头轴线垂直；

c）调好显微镜焦距；

d）选择试验力为 49 N（5 kg），对于特殊情况试验力可另行选择，但应在试验报告中注明；

e）在试验前或在更换压头后，用相应的标准维氏硬度块进行校验，以判别压痕形状和硬度测定值是否正确；

f）以 0.3 mm/s 的加荷速度施加负荷。在试验过程中不应有任何冲击或振动，保持试验力 10 s ~ 15 s，准确测量压痕对角线长度；

g）在同一个试验面上压痕数量不少于 5 个；

h）相邻两压痕中心距离为压痕对角线长度的 10 ~ 15 倍，压痕中心至试样边缘距离至少为压痕对角线平均长度的 10 ~ 15 倍；

i）试验后，当试验面上出现压痕形状不完整或畸形时，其结果无效。

A.7 硬度值的计算

维氏硬度的计算公式如式（A.1）所示：

$$HV = \frac{2F\sin\alpha}{\left[\frac{d_1+d_2}{2}\right]^2} = 1.854\,4\frac{F}{\left[\frac{d_1+d_2}{2}\right]^2} \qquad \text{(A.1)}$$

式中：

HV——维氏硬度符号；

F——试验力，单位为牛顿（N）；

α——压头两端画相对面夹角，$\left(\frac{136°}{2}\right)$；

d——压痕两对角线 d_1、d_2 的算术平均值，单位为毫米（mm）。

以各点测量结果的算术平均值作为维氏硬度值，保留 3 位有效数字；

至少以 5 个有效数据计算平均值和标准偏差作为试验结果。

A.8 检验报告

电子元器件结构陶瓷材料维氏硬度测试报告应包括以下内容：

a）受检单位名称；

b）送样日期；

c）送样者；

d）测试样品编号；

e）使用的仪器、操作者、测试日期；

f）检验项目及检验结果。

附录 B　陶瓷行业职业道德

B1　职业道德概述

B1.1　职业道德的内涵

道德是区别人和动物的一个重要标志，是一定社会、一定阶级向人们提出的处理人与人之间、个人与社会之间、个人与自然之间各种关系的一种特殊行为规范。道德不是由国家强制执行的，而是依靠社会舆论、人们的良知、教育感化、典型示范等先唤起人们的知耻心，再培养人们的道德责任感和善恶判断能力。

职业道德是道德体系中一个重要的组成部分，它是指从事一定职业劳动的人们，在特定的工作和劳动中以内心信念和特殊社会关系来维系的，以善恶进行评价的心理意识、行为原则和行为规范的总和，它是人们在从事职业的过程中形成的一种内在的、非强制性的约束机制。它是职业范围内的特殊道德要求，是一般社会道德在职业生活中的具体体现。它是所有从业人员在职业活动中应该遵循的行为准则，涵盖了从业人员与服务对象、职业与职工、职业与职业之间的关系。

自新中国成立以来，在经历了半个多世纪的发展和社会主义道德建设实践后，我国逐渐形成了较为完整的职业道德体系。社会在进步，因而对广大从业人员的职业观念、职业态度、职业技能、职业责任、职业纪律、职业理想和职业作风的要求也越来越高。《新时代公民道德建设实施纲要》提出：推动践行以爱岗敬业、诚实守信、办事公道、热情服务、贡献社会为主要内容的职业道德，鼓励人们在工作中做一个好建设者。

职业道德在道德体系中占有重要地位，建立和完善科学的职业道德体系，在全社会各行各业从业人员中开展职业道德教育，培养良好的职业道德品质，具有重大意义。

B1.2　社会主义职业道德的核心思想和指导原则

B1.2.1　社会主义职业道德的核心思想

社会主义职业道德的核心思想是为人民服务，在社会主义市场经济所有职业活动中，都要以为人民服务为核心。自觉地为人民服务是社会主义职业道德区别于其他社会形态“职业道德”的本质特征。

商品本身包含着为他人服务的属性。不管生产者的主观动机和目的如何，如果生产的产品、经营的商品或服务项目不能首先满足社会和广大消费者的需求，那么生产者所追求的利润就不能很好实现。在社会主义市场经济体制下，企业应当自觉地服务人民、奉献社会。

社会主义社会的从业人员既是服务者，也是被服务的对象。这是因为从本质上讲，社会主义市场经济活动中的广大劳动者仍然是国家的主人，每位劳动者既要主动为他人服务，又要享受他人的服务，要大力提倡“我为人人，人人为我”的道德风尚。在社会主义市场经济建设中，每一位从业人员无论处在什么岗位，无论职务大小，都要自觉地为人民服务。

社会主义市场经济建设需要以为人民服务为核心思想的社会主义职业道德的支持，以为人民服务为核心思想的社会主义职业道德能极大地促进社会主义市场经济的健康发展。

B1.2.2 社会主义职业道德的指导原则

集体主义是社会主义职业道德的指导原则，它集中反映广大劳动者的根本利益，也是正确处理个人利益、集体利益、国家利益的基本原则。在社会主义制度下，个人利益与集体利益、国家利益在根本上是一致的，也就是说，个人利益、集体利益、国家利益应统筹兼顾、和谐发展。从业人员在进行职业活动过程中，其个人利益与集体利益、国家利益可能会发生矛盾和冲突，要正确处理好这三者之间的关系，要牢记集体利益服从国家利益，个人利益服从集体利益和国家利益的原则。

B2 行业职业道德的作用

B2.1 规范行业的职业活动和从业人员的职业行为

职业道德的主体是职业道德规范，它是协调劳动者关系、个人与集体关系、单位与个人关系的准则，也是规范从业人员职业行为的准则。行业的职业道德规范是统一确定的，能规范本行业的职业活动和劳动者的职业行为，最终达到维护正常生产经营活动的目的。

B2.2 指导从业人员树立正确的从业观念

职业道德指导从业人员树立“讲究产品质量和服务质量，注重信誉，文明生产，确保职业活动安全卫生”的从业理念。广大从业人员要按照行业职业道德规范要求去做，在工作中严格要求自己，自觉抵制玩忽职守、野蛮作业、不顾劳动安全、不顾产品和服务质量的不良工作作风。

B2.3 促进企业文化建设

行业职业道德是企业文化的重要组成部分，良好的企业文化建设要把职工的行业职业道德教育放在首位。实现企业价值观和发展战略目标的主体是职工，开展行业职业道德教育不仅对提高职工的科学文化素质和职业技能具有推动作用，还可以增强职工的凝聚力和组织纪律性，提高职工的服务质量和劳动生产率。企业形象是企业文化的综合表现，营造良好的职业道德氛围有利于塑造企业的良好形象，良好的企业作风和企业礼仪也可以体现职工的职业道德水平。

B2.4 促进良好社会道德风尚的形成

社会主义道德建设离不开行业职业道德建设，高尚的行业职业道德可以促进良好社会道德风尚的形成。

B3 公民职业道德规范

爱岗敬业、诚实守信、办事公道、热情服务、奉献社会是我国每个从业人员都应遵守的公民职业道德规范。

B3.1 爱岗敬业

爱岗敬业作为最基本的职业道德规范，是对人们工作态度的一种普遍要求，是中华民族传统美德和现代企业发展的要求。爱岗就是热爱自己的工作岗位，热爱本职工作；

敬业就是要用一种恭敬严肃的态度对待自己的工作。

B3.2 诚实守信

诚实守信是做人的基本准则，也是社会道德和职业道德的一项基本规范。诚，就是真实不欺，言行和内心思想一致，不弄虚作假；信，就是真心实意地遵守履行诺言。诚实守信就是真实不欺、遵守承诺的品德及行为。诚实守信体现道德操守和人格力量，也是具体行业、企业立足的基础，具有很强的现实针对性。

B3.3 办事公道

办事公道是对人和事的一种态度，也是千百年来人们所称道的职业道德规范。公道就是处理事情坚持原则，不偏袒任何一方。办事公道强调在职业活动中应遵从公平与公正的原则，要做到公平公正、光明磊落。

B3.4 热情服务

热情服务就是以积极主动的态度和群众乐于接受的方式全心全意地为群众服务。在社会生活中，人人都是服务对象，人人又都为他人服务。热情服务作为社会主义职业道德的基本规范，是对所有从业人员的基本要求。热情服务要求从业人员在职业活动中想客户之所想、急客户之所急，创新服务内容，完善服务方法，提高服务水平，关注每一个细节，令每位客户满意。

B3.5 奉献社会

奉献社会就是积极自觉地为社会做贡献。奉献，就是不论从事何种职业，从业人员不是为了个人、家庭，也不是为了名和利，而是为了有益于他人，为了有益于国家和社会。正因如此，奉献社会是社会主义职业道德的本质特征。社会主义建立在以公有制为主体的经济基础之上，广大劳动人民当家作主。因此，社会主义职业道德必须把奉献社会作为从业人员重要的道德规范，作为从业人员根本的职业目的。奉献社会并不意味着不要个人的正当利益，不要个人的幸福。

恰恰相反，一个自觉奉献社会的人才能真正找到个人幸福的支撑点，个人幸福可以在奉献社会的职业活动中体现出来。

B4 陶瓷行业职业守则

陶瓷行业职业守则为“遵纪守法、安全生产，节能环保、持续发展，爱岗敬业、团结协作，创新进取、精益求精”。

B4.1 遵纪守法、安全生产

B4.1.1 遵纪守法

遵纪守法是每个公民的基本义务。从业人员遵纪守法是职业活动正常进行的基本保证，也是发展社会主义市场经济的客观要求，每一位从业人员都要遵守职业纪律和国家法律法规，尤其要遵守与职业活动相关的法律法规。职业纪律是指在特定的职业活动范围内，从事某种职业的人们必须共同遵守的行为准则，它包括劳动纪律、组织纪律等基本纪律要求。职业纪律在调节从业人员与他人、与集体、与社会的关系方面起着重要作用。职业纪律具有一定的强制性，表现在以下两点：一是要求从业人员遵守、执行职业纪律，履行自己的职责；二是如果从业人员因违反职业纪律而造成一定后果，则要追究其相应的责任。国家法律法规一方面要靠国家强制力来保证实施，另一方面要靠人民群众自觉遵守，二者结合起来，才能有效地保证国家法律法规的贯彻实施，才能保证安定团结的政治局面，才能共同构建和谐社会。

要做到遵纪守法，陶瓷行业员工必须认真学习法律法规知识，树立法治观念，同时了解职业纪律、岗位规范等，并严格要求自己，把外在的约束力内化为个体自主自愿的需要，把“要我做”逐步转变为“我要做”，做到“从我做起，从小事做起，从现在做起”，在实践中培养遵纪守法的良好道德品质。

B4.1.2 安全生产

安全生产是企业的生命线，走好安全生产的每一步，对陶瓷行业来说尤为重要。安全生产是陶瓷行业员工应该遵守的最基本的职业守则。抓好安全生产要从细节抓起，对隐患排查要细致入微，不留空白；对安全生产管理要细心精心，尽职尽责：对安全生产责任要细化，落实到岗位、个人。如果不从细微处抓安全生产，不把安全生产工作做深、做细、做实，则极易导致更大的生产安全事故发生。安全生产人人有责，任何事故的发生都有一定的先兆，也都有一个渐进的过程，在这一过程中，只有每位职工时刻提高警惕，超前思考，在工作中专心、细心、有责任心，规范执行各个操作程序，及时消除各类安全隐患，才能最大限度地减少事故发生的可能性。

陶瓷行业员工在工作中应严格遵守本单位的安全生产规章制度和技术操作规程，服从管理，正确佩戴和使用劳动防护用品。陶瓷企业应为职工定期提供安全生产教育和培训，使其掌握本职工作所需的安全生产知识，提高安全生产技能增强事故预防和应急处理能力。在工作中若发现事故隐患或者其他不安全因素，应立即向现场安全生产管理人员或者本单位负责人报告；现场安全生产管理人员或者本单位负责人接到报告应及时处理，并修订和完善安全生产制度。

B4.2 节能环保、持续发展

人类在向自然界索取、创造财富时，不能以牺牲生存环境为代价，要走节能环保、持续发展的道路，开展节能减排工作，发展低碳经济，国家、企业、个人在其中都应发挥相应的作用。

在国家层面，应坚持实施节约资源、保护环境的基本国策，实施可持续发展战略，贯彻落实科学发展观；完善相关的法律法规，严惩破坏环境、浪费资源的违法行为；正确处理经济建设与环境保护的关系，大力发展低碳经济，推广节能减排技术；大力宣传保护环境、节约资源、可持续发展的重要性，提高人们节约资源、保护环境的意识。

在企业层面，应贯彻落实节约资源、保护环境的基本国策，以及可持续发展战略、科教兴国战略，自觉遵守相关的法律法规、规章制度，规范生产经营行为；在生产中重视技术创新，完善经营管理制度，使能耗、“三废”排放符合国家标准。陶瓷企业在生产时要重视资源的节约和环境的保护，使生产与资源、环境相协调，实现持续发展，尽到对子孙后代、对社会的责任。

在个人层面，应增强法治观念，树立循环利用资源、保护环境的意识，从我做起，做节能环保的践行者。陶瓷行业员工一方面应努力提高自身的技能水平，严格执行操作规程，避免因操作不当而对环境造成污染；另一方面应敢于对浪费、破坏环境的行为进行制止和举报。

B4.3 爱岗敬业、团结协作

B4.3.1 爱岗敬业

爱岗敬业是全社会大力提倡的职业道德规范，是国家对广大从业人员职业行为的共同要求，是每位从业人员都应遵守的职业守则。爱岗体现为热爱自己的本职工作，能够为做好本职工作尽心尽力，是从业人员做好本职工作的思想基础和精神动力；敬业体现为用恭敬的态度认真对待工作，在岗位上专心、负责，能够圆满地完成工作任务，是从业人员热爱本职工作的直接反映。提倡爱岗敬业，就是提倡不管在什么岗位，不管干多长时间，都要认真负责地做好本职工作。在个人的职业生涯中，工作单位可能会有变动，但个人对工作的态度要始终保持一致，做到勤勤恳恳、任劳任怨。在陶瓷行业，爱岗敬业的主要内容是热爱工作，安心工作，熟练掌握相应技能，能达到岗位要求，并能创造性地做好本职工作。

B4.3.2 团结协作

团结协作是指在人与人之间的关系中，为了实现共同的利益和目的，互相帮助、互相支持、取长补短、共同发展，它是中华民族的传统美德。团结协作有助于从业人员调节好人与人之间、部门与部门之间的关系，以及个人与集体之间的关系，从而激发巨大的工作热情和积极性，进而形成企业凝聚力，促进生产力发展，为企业创造更多的经济效益。“团结就是力量”，只有团结一心、共同奋斗，才能推进社会生产力的发展，创造美好生活。团结协作的基本要求是平等尊重、顾全大局、互相学习、加强协作。

从业人员应处理好团结与竞争的关系。在社会主义市场经济条件下，竞争必须是公平、公正、公开的，参与竞争的从业人员应在积极竞争的同时注意团结友爱，以获得共赢。从业人员还应处理好协作与分工的关系。在社会化大生产活动中，每位从业人员所在岗位都有明确的分工和目标责任，因此不仅要完成好本职工作，更要注重与其他岗位人员的协作，以实现共同的生产目标。

B4.4 创新进取、精益求精

创新进取、精益求精是对从业人员提出的业务技术水平方面的职业守则。

B4.4.1 创新进取

创新进取不仅是企业持续发展的动力，而且是推动社会进步的有效途径。在高速发展的互联网时代，创新进取已成为企业和个人发展的重要精神元素。创新进取是一个动态过程，要勇于实践，敢于开拓。墨守成规谈不上创新进取，光说不干很难创新进取。该解决的问题解决不了，是缺乏创新进取精神的表现。

从业人员必须发扬创新进取精神，要善于学习，不断用新知识代替旧知识，大胆探索推进工作发展的新思路、新办法，勇于革除阻碍工作发展的陈旧观念，展示求新求变、向前向上的精神状态，使自己的思想观念、业务能力跟上时代前进和行业发展的步伐，求真务实，以实际行动在工作中有所作为。

B4.4.2 精益求精

随着各个领域科学技术的飞速发展，各个岗位对从业人员的素质要求也越来越高。从业人员在掌握业务知识和技能方面有“知、会、熟、精”四个层次，在达到“精”这个层次后，还要精益求精，这是从业人员成就事业的重要法宝。

要做到精益求精，首先要端正工作态度。尽管从事的是普通工作，但要对产品和工艺有极致的追求，要沉下心来、耐住寂寞，打造行业优质产品。

要做到精益求精，其次要勤学苦练、坚持不懈。知识和技术在不断更新，要及时掌握最新的行业动态和前沿技术，不断强化专业知识的学习，全面提高业务水平，努力向复合型人才发展，做到“一专多能”。